澤龜
飼養指南

【九桃與烏龜 Daily Life】
YouTube 頻道創辦人

九桃 ◎ 著

晨星出版

自序

　　九桃從小就在一個有烏龜的環境中長大，九桃爸自九桃出生起便一直持續飼養烏龜至今，因此九桃對各種烏龜都不陌生。然而，小時候的九桃對烏龜並沒有太大的興趣，只是偶爾才會摸摸牠們。但成長過程中，九桃遇到了很多壓力和挫折，才慢慢試著了解並發現烏龜的慢活可以讓人暫時忘卻壓力，從中獲得更多的放鬆，於是九桃開始正式接觸烏龜。

　　大家小時候可能都有飼養過巴西龜或其他較常見烏龜的經驗，但通常都是爸媽在照顧，或者因為自己沒照顧好，烏龜就過世了。高中畢業那年九桃養了一隻東部錦龜，以牠作為認真飼養烏龜的起點。某一年的冬天，由於九桃的疏忽，這隻東部錦龜得了肺炎。當時，九桃非常害怕這隻龜龜會在我的眼前離開，因為心裡很清楚烏龜得肺炎的危險性。幸好，在九桃努力研究和細心照顧下，這隻東部錦龜康復了。自此之後，九桃決定要學習更多飼養烏龜的知識，並希望以自己的經驗，與大家分享正確的飼養方式及如何正確對待烏龜。

　　九桃希望自己的努力能夠讓正在飼養烏龜，或有飼養烏龜念頭的朋友們，獲得簡單正確的資訊，不再因為找不到答案而猶豫。飼養烏龜並沒有絕對正確的方式，本書分享的內容都是九桃經年累月親身飼養並研究的心得總結，然而仍需要配合每個人不同的飼養條件、空間及方式，再加以適當調整運用。

自序

　　希望大家讀完《澤龜飼養指南》之後，可以對飼養澤龜有基本的認識，用這本書陪伴大家解決養龜過程中的大小問題，讓家中的澤龜一直平安健康地陪伴我們。

◆ 九桃與陸龜小蘇
◆ 攝影：tagme

POINT
本書欣賞用圖鑑龜種並非所有皆可飼養，購買寵物請遵循法律規範，選擇合法來源，為牠們的幸福負責！

前言

九桃家的高人氣澤龜

 卡卡

　　卡卡是九桃家目前人氣最高的澤龜，屬於卡羅萊納鑽紋龜（*Malaclemys terrapin centrata*）。鑽紋龜這個龜種底下還分成很多種類，**但都具有一個共同的特色，就是超級親人！**好動、貪吃且愛找人的個性，讓鑽紋龜一直是超熱門的飼養龜種。

　　九桃家的卡卡是唯一養在客廳的烏龜，所以每天不管九桃是出門上班還是下班回家，都會有卡卡的熱烈歡迎。就算心情不好，看到卡卡迎接自己回家，心情也會瞬間好了起來。

　　隨著卡卡的體型越來越大，鑽紋龜又是非常會游泳的龜種，所以九桃特別為卡卡訂製了一個超讚的澤龜缸，讓卡卡可以自由自在地悠游其中。

◆ 卡卡剛到九桃家的時候，體型還很小巧可愛

◆ 現在的卡卡不僅整體尺寸變大，龜殼的厚度也增加，最明顯的是腳掌的蹼也越來越大片

★TOP2★皮蛋

皮蛋是一隻紅面蛋龜（*Kinosternon scorpioides cruentatum*），對九桃來說非常有意義，因為牠是九桃人生中第一隻成功孵化的澤龜，那種成就感至今仍舊難忘。在孵化皮蛋的過程中，因為是第一次，所以遇到了許多狀況，也經歷了不少緊張和不安的時刻，讓人印象深刻。

當時，九桃悉心記錄並且拍攝了皮蛋媽媽從產卵到孵化皮蛋的完整過程，並將這段珍貴畫面製作成影片留存。而皮蛋這個有趣的名字，也是經過大家熱情投票之後而決定的。如果大家對於烏龜孵化的奇妙歷程有興趣，可以掃描旁邊的 QR Code 觀賞這段非常難得的影片紀錄，一探究竟。

https://is.gd/ZjoRT2

◆ 剛孵化的皮蛋體型大約只有 2cm，迷你到可以放在手掌心上

◆ 一歲多的皮蛋體型長大到 6～7cm，顏色也明顯變得更鮮豔

目錄

自序 2

前言 九桃家的高人氣澤龜

- TOP1 卡卡 4
- TOP2 皮蛋 5

\ Chapter 1 / 我適合養澤龜嗎？

> Unit 1　澤龜到底是什麼龜？ 16
> Unit 2　澤龜的身體特徵 18
> Unit 3　如何分辨澤龜性別？ 23
> Unit 4　澤龜需要多大空間？ 25
> Unit 5　澤龜成長期與壽命 26
> Unit 6　澤龜飼養開銷大公開 27
> Unit 7　澤龜與飼主的互動 28
> Unit 8　每天要花多少時間和澤龜相處？ 29

\ Chapter 2 / 新環境的適應期

> Unit 1　澤龜需要環境適應期 32
> Unit 2　飼養位置的選定 33
> Unit 3　適應期的各種行為和解決方法 35

\ Chapter 3 / 幼龜安全飼養法　　　37

\ Chapter 4 / 室內環境設置

⟩ Unit 1　飼養容器　　　42
- 澤龜套缸　　　42
- 塑膠箱　　　44
- 魚缸　　　46
- 訂製缸　　　47
- 一體式繁殖箱　　　49

⟩ Unit 2　如何設置飼養澤龜的水位　　　51
- 如何判斷適當水位　　　51
- 適當水位的重要性　　　52

⟩ Unit 3　上岸處布置　　　53
- 浮島型上岸處　　　53
- 固定式上岸處　　　55
- 活動式上岸處　　　56

⟩ Unit 4　加溫設備選擇　　　57
- 品質良好的燈具　　　57
- 聚熱燈　　　58

- 陶瓷燈 ... 60
- 全光譜燈泡 ... 61
- UVB 燈 ... 62
- 加溫棒 ... 63

> **Unit 5** 如何判斷燈具瓦數？ ... 64

> **Unit 6** 室內燈具配置 ... 68
- 單一熱點配置 ... 68
- 全面加溫配置 ... 69

> **Unit 7** 過濾設備 ... 71
- 選擇適合養龜的過濾器 ... 71
- 如何判斷過濾器的流量 ... 72
- 適合養龜的過濾方式 ... 73

> **Unit 8** 室內飼養需要注意什麼 ... 76
- 冷氣房飼養注意事項 ... 76
- 夏天飼養區注意事項 ... 77
- 小心室內有老鼠出沒 ... 78

> **Unit 9** 室內飼養推薦實用工具 ... 79
- 小刷子 ... 79
- 水管刷 ... 80
- 撈魚網 ... 80
- 抽水器 ... 81

\ Chapter 5 / 室外環境設置

- **Unit 1** 環境安全評估 ·· 84
  - 動物威脅 ·· 84
  - 天氣威脅 ·· 85
- **Unit 2** 溫度觀察 ·· 86
- **Unit 3** 日照觀察 ·· 87
- **Unit 4** 上岸處與水區布置 ·· 88
- **Unit 5** 室外飼養需要注意什麼 ·· 90
- **Unit 6** 室外飼養推薦實用工具 ·· 91
  - 黑網 / 遮蔭綠植 ·· 91
  - 刷子 ·· 92

\ Chapter 6 / 如何挑選健康的澤龜

- **Unit 1** 鎖定物種耐心觀察 ·· 94
  - 正常上浮下潛 ·· 94
  - 活動力 ·· 95
  - 食慾 ·· 95
  - 排泄 ·· 97
  - 眼神 ·· 98
  - 甲殼 ·· 99
  - 四肢 ·· 100

\ Chapter 7 / 澤龜飲食大有學問

- **Unit 1** 澤龜能吃什麼 ... 102
- **Unit 2** 如何選擇飼料 ... 102
- **Unit 3** 餵食頻率及餵食量 ... 104
  - 餵食頻率 ... 104
  - 餵食量 ... 105
- **Unit 4** 天冷時需要餵食嗎 ... 106
- **Unit 5** 澤龜不能吃什麼 ... 108
- **Unit 6** 營養補充品 ... 110
  - 蝦乾 ... 110
  - 營養添加劑 ... 111
- **Unit 7** 澤龜挑食怎麼辦 ... 112

\ Chapter 8 / 澤龜的日常照料

- **Unit 1** 曬太陽注意事項 ... 116
  - 避免被攻擊的危險 ... 116
  - 務必保留遮蔭處 ... 117
  - 太陽應該曬多久 ... 118
  - 容器是否要放水 ... 118
  - 飼主需要全程陪伴 ... 120
  - 熱衰竭症狀緊急處理 ... 121

Unit 2　日常清潔注意事項 ……………………………………… 122
- 什麼時候該換水 ……………………………………… 122
- 洗澡刷刷背 ……………………………………… 123

\ Chapter 9 / 澤龜不舒服怎麼辦

Unit 1　澤龜不舒服的可能原因 ……………………………………… 126
- 溫差 ……………………………………… 126
- 餵食 ……………………………………… 127
- 日照 ……………………………………… 127
- 爭鬥 ……………………………………… 128
- 水質 ……………………………………… 129
- 嗆水 ……………………………………… 130

Unit 2　澤龜的發病前兆 ……………………………………… 132
- 待在岸上時間過長 ……………………………………… 132
- 拒食 ……………………………………… 133
- 活力降低 ……………………………………… 134
- 嗜睡 ……………………………………… 135
- 開口喘氣 ……………………………………… 135

\ Chapter 10 / 適合新手飼養的澤龜物種

- Unit 1　斑龜 138
- Unit 2　密西西比麝香龜 140
- Unit 3　頭盔泥龜 141
- Unit 4　果核龜 142
- Unit 5　鑽紋龜 143

\ Chapter 11 / 淺談澤龜繁殖

- Unit 1　繁殖澤龜所需的條件 146
- Unit 2　如何打造繁殖區 148
  - 水區 148
  - 岸區 149
- Unit 3　孵蛋前要準備什麼 151
- Unit 4　簡單自製孵蛋箱 153
  - 準備材料 153
  - 製作步驟 153
- Unit 5　從撿蛋到孵化幼龜 157
  - 該怎麼撿蛋 157
  - 龜蛋需要洗嗎 158
  - 檢查龜蛋是否受精 159

> Unit 6　孵蛋時可能遇到的致命問題 ……………………… 160
> Unit 7　成功孵化龜苗 ……………………………………… 162

\ Chapter 12 / 常見澤龜飼養問題

Q1 澤龜適合當寵物嗎？ ……………………………………… 164
Q2 澤龜的殼會換嗎？ ………………………………………… 165
Q3 澤龜不吃東西是冬眠了嗎？ …………………………… 166
Q4 澤龜可以混養嗎？ ………………………………………… 167
Q5 水黴與脫皮如何分辨？ ………………………………… 168
Q6 澤龜需要剪趾甲嗎？ …………………………………… 169
Q7 澤龜死掉了應該如何處置？ …………………………… 169

結語　給讀者的一封信 …………………………………… 170
附錄　賞・澤龜 ……………………………………………… 172

\ Chapter 1 /
我適合養澤龜嗎？

密西西比麝香龜

學名｜*Sternotherus odoratus*　　英文｜Common musk turtle

Unit 1 澤龜到底是什麼龜？

我們經常可以在公園、池塘或河邊看見巴西龜和斑龜，其實我們平常較容易看到、容易飼養的龜類，有很大一部分都屬於「澤龜」，然而「澤龜」究竟是否可以直接等同於「烏龜」這個概念呢？

答案是：**澤龜和烏龜不一樣哦！**所謂的「烏龜」其實是一個涵蓋所有龜類的總稱，細分下來大致可以分成**澤龜、陸龜、箱龜、海龜**四種。在這四大分類下，再根據牠們的外型、生活習性等細分出許多不同的種類，例如澤龜包括**全水棲澤龜、半水棲澤龜、蛋龜、泥龜**……。

本書的主角──澤龜，往下可以再細分為半水棲澤龜和全水棲澤龜。不過特別的是，**全水棲的澤龜目前只有豬鼻龜一種**，其餘的都是半水棲，因此除了在水中生活外，還需要到陸地上曬太陽、休息、活動。

那我們該如何分辨澤龜和陸龜呢？接著就一起來看看澤龜有哪些特徵吧！

蛋龜

泥龜

Chapter1 我適合養澤龜嗎？

全水棲澤龜：豬鼻龜
（*Carettochelys insculpta*）

海龜

陸龜

箱龜

Unit 2 澤龜的身體特徵

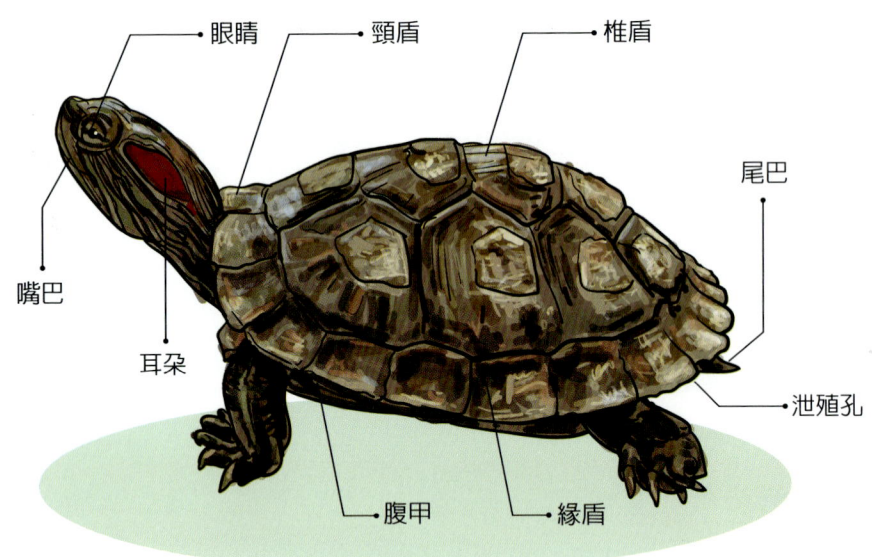

❯ 眼睛（視覺）

　　澤龜的眼睛位於頭部兩側，擁有廣闊的視野，能夠靈敏地對視覺空間中的移動刺激做出反應，並且分辨顏色。牠們的眼睛可以適應水底下和陸地上兩種環境光線，在水中時還能過濾光線，增強對獵物的觀察力。此外，澤龜眼睛還可以迅速調整焦距，準確捕捉移動獵物或靜止目標。這些特性使得澤龜能夠在各種複雜的生態環境中成功生存和繁衍。

❧ 嘴巴

澤龜的嘴巴內部沒有牙齒，取而代之的是堅硬的喙狀結構，能夠緊密閉合，用來咀嚼和磨碎食物，非常適合在水中捕食。這種嘴部結構使得澤龜能夠輕鬆抓住滑溜的獵物，咬碎堅硬的食物，並在水中有效進食。因為牠的咬合十分有力，接觸時要小心被咬傷。

❧ 耳朵（聽覺）

澤龜的耳朵位於頭部兩側，沒有外耳，但仍能感知低頻聲音。牠們在水下的聽力優於陸地，能夠判斷聲音的方向，並以此探測同類、獵物和天敵的動態。

❧ 頸盾／椎盾）／緣盾

澤龜的**頸盾**（nuchal scute）位於頭部和背甲之間由多塊骨板組成，呈盾形，但有些種類無此構造。角質層的邊緣呈鋸齒狀，可以幫助澤龜抵禦敵人的攻擊。

椎盾（vertebral scute）位於龜殼上部脊椎正上方的盾板，從頭部延伸到尾部。

緣盾（marginal scute）是背甲邊緣的盾片，形狀和數量因種類而異。

以上三者的表面覆蓋著一層厚厚的角質層，俗稱「**龜殼**」。

❖ 腹甲

　　位於龜殼下方，覆蓋著龜的腹部和胸部。腹甲（plastron）的形狀和大小因種類而異，但通常呈盾形或橢圓形。腹甲的堅硬度與耐用性能保護澤龜，遇到堅硬的岩石、尖銳的枝條……時不會輕易受到傷害，使得澤龜能夠在惡劣的環境中存活。

❖ 尾巴

　　位於腹甲的後端，由多節骨骼組成，通常呈圓柱形或圓錐形。在許多澤龜物種中，雄性的尾巴通常比雌性更長。

❖ 泄殖孔

　　澤龜的泄殖孔位於腹甲的後端，靠近尾巴根部。泄殖孔是澤龜排出尿液、糞便和交配產卵的孔道，形狀和大小因性別而異，普遍雄性澤龜的泄殖孔較靠外側，而雌性澤龜的泄殖孔較靠內。

Chapter1 我適合養澤龜嗎？

澤龜與其他烏龜（如陸龜、箱龜）相比，最大的差別在於**腳掌帶有蹼**，可以幫助澤龜在水中移動得更為快速靈活。相較之下，陸龜的腳通常更為粗壯，並且具有更堅硬的趾甲，以幫助牠們在陸地上行走和挖掘。

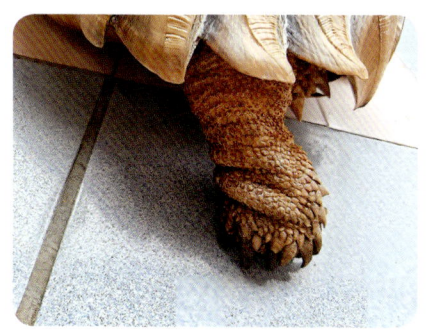
◆ 陸龜粗壯的後腿

◆ 澤龜帶有蹼的腳掌

我們也可以藉由殼和皮膚這兩個特徵來分辨澤龜。前面提到的蹼，可以幫助澤龜在水中更靈活地移動，而澤龜的殼也需要降低水阻以方便在水中移動。因此我們通常會看到**澤龜的殼較為扁平**，不像陸龜那樣高圓。

◆ 陸龜高圓的殼形

◆ 澤龜扁平的殼形

21

至於皮膚部分大家比較不容易注意到，更準確地說，是指皮膚上的鱗片。大多數澤龜因為較容易攝取水分，並且長期在水中生活和覓食，所以牠們表皮的鱗片通常是小小的，不仔細看可能會以為只是一層皮。而陸龜就不同了，因為牠們需要更好地保護體內的水分，因此陸龜的表皮鱗片通常更為明顯，尤其是在一些沙漠系的陸龜身上，可以看到非常粗厚的鱗片。

◆ 陸龜的鱗片非常厚重

◆ 澤龜的鱗片幾乎看不出來

Unit 3 如何分辨澤龜性別？

相信大家在飼養了可愛的澤龜之後，都會迫切地想知道自家的龜龜是小男生還是小女生。不過這裡只能請大家再等等，因為所有的烏龜小時候都無法利用肉眼分辨公母，需要達到一定的成熟度才能比較準確地分辨性別。通常烏龜進入亞成體階段，也就是第二性徵開始慢慢發育時，就可以做出初步的判斷。如果要非常準確地判斷，則需要等到成體之後。

判斷澤龜的公母有很多種方法，但不同物種的判別方式也有所不同，唯一相同的地方是觀察澤龜尾巴上的泄殖孔，也就是 20 頁提過用來排泄和繁殖的孔洞。公龜的泄殖孔裡面因為需要容納生殖器，因此**公龜尾巴通常較為粗長**，泄殖孔的位置也會相對較靠外側。而母龜的泄殖孔因為需要排卵，所以**母龜的尾巴相對較短粗**，泄殖孔的位置則更靠近身體。這個分辨方式對所有龜類都適用。

有些物種的公母尾巴和泄殖孔位置較難判斷，這時如果將兩隻龜擺在一起就會比較容易分辨。除了觀察尾巴和泄殖孔的位置，還有其他方法，例如某些澤龜在成熟後，公龜和母龜的頭部大小、花紋和顏色會有所不同。不過，再次強調這些特徵會因物種而異，因此最簡單且最準確的分辨方式，還是觀察尾巴和泄殖孔的位置。

◆ 澤龜公龜的尾巴較為粗長，泄殖孔位置相對較靠外側

◆ 澤龜母龜的尾巴相對較短粗，泄殖孔位置更靠近身體

◆ 有些物種用尾巴和泄殖孔位置較難判斷，這時只需將兩隻龜擺在一起比較，就會比較容易分辨公龜（右）和母龜（左）

Unit 4　澤龜需要多大空間?

　　飼養所需空間一直是大家決定養寵物時，特別關注的一個重點。首先需要考慮的是你所飼養的澤龜體型大小，其實**有很多體型嬌小的澤龜，例如麝香龜、果核龜、頭盔泥龜**，這些物種的成體體長約莫在10cm 左右。如果飼養的是這些可愛的小精靈，並不需要非常大的空間。

　　當然，也有很多種體型較大的澤龜。無論大家選擇飼養的物種是體型大還是體型小，都需要事先做好功課，給牠們一個舒服的生活空間喔！

◆ 果核龜（Striped mud turtle）

◆ 麝香龜（Eastern musk turtle）

◆ 體型超迷你的頭盔泥龜成體

Unit 7　澤龜與飼主的互動

　　關於這一點，九桃可以很肯定地告訴大家，**澤龜確實有很高的互動性**，而且互動性會隨著不同物種和相處時間的長短而有所改變。前言提過的人氣鑽紋龜——卡卡，互動性就非常高，除了早晨上岸舒服地曬太陽時不太會理人，其餘時間只要看到人就會賣力地拍水想要吸引注意。

　　卡卡平時都是由九桃爸餵食，在九桃長期的觀察和實驗中發現，卡卡看到其他人時雖然也會拍水，但有時顯得相當敷衍；而當卡卡看到九桃爸時，反應就完全不同了，除了會賣力地吸引注意，有時甚至會像發瘋一樣大力拍水。由此可見，卡卡的智慧和與人的互動性都非常良好。

◆ 拍動水面吸引人注意的卡卡

 Unit 8　每天要花多少時間和澤龜相處？

　　在這個忙碌的社會中，飼養寵物所需要的時間也是一個相當重要的考量。九桃可以直接告訴大家，飼養烏龜比其他大多數常見寵物所花費的時間少很多，而在各類烏龜物種中，**飼養澤龜所需的時間又比陸龜更少**，因此澤龜可以說是非常省時間的寵物。

　　飼養澤龜需要花時間的項目，主要包括日常打掃和餵食。**打掃基本上就是清洗飼養容器和換水**，如果怕自己沒什麼時間打掃，可以使用效果較好的過濾系統，就能減少換水的次數和時間。至於餵食，澤龜大多以飼料為主，**餵食過程通常不用超過 10 分鐘**，飼主也可以趁機同時觀察牠們的進食狀況。

　　因此，對於工作比較忙碌的飼主來說，飼養澤龜並不會成為負擔，也不用擔心需要投入大量心力和體力去照顧牠們。

◆ 正在進食中的卡卡

Chapter 2
新環境的適應期

錦龜

學名 | *Chrysemys picta*　　英文 | Painted turtle

 澤龜需要環境適應期

　　為什麼要在 Chapter2 就立刻討論到飼養環境的布置呢？因為飼養烏龜需要給牠一段環境適應期。所有的烏龜在新環境中都會經歷適應期，這段期間牠們可能會出現不吃東西、不敢活動或非常躁動等情形，都是因為對新環境不熟悉所致。

　　適應期的長短會隨著烏龜的個性、年紀等因素而有所不同，為了減少這段期間的不良反應，飼主應該盡量減少可以控制的變因，盡可能降低環境的變動因素，才能加快龜龜對新環境的適應。因此，在帶烏龜回家之前，事先布置一個舒服又適合的飼養環境，並且做好功課了解如何照顧牠們，是必須完成的重要課題，這樣才能減少環境的變動，讓澤龜盡快度過適應期。

◆ 因為害怕而不敢出來活動的幼龜

Unit 2 飼養位置的選定

開始布置飼養空間之前,首先要決定飼養容器的位置,這個位置的選擇非常重要。確定所要飼養的澤龜物種之後,我們需要了解該物種<mark>所需的空間大小</mark>和<mark>適宜的溫度</mark>等條件,然後在家中找到最適合安置牠們的地方。

正如前面所提到的,應該盡量避免帶龜龜回家之後,再頻繁移動或改變牠們的飼養位置及環境,以免拉長適應期。因此,如何挑選一個適合的位置就變得非常關鍵。我們可以考慮以下因素:

★ 飼養容器的空間是否足夠
★ 使用的電器插頭是否安全且數量足夠
★ 放置的地方是否溫度穩定,需避免冷風或過於悶熱

仔細考慮和評估這些因素後,就能在家裡找到一個最適合安置龜龜的地方。

如前所述,選擇位置的關鍵因素是<mark>溫度</mark>和<mark>通風度</mark>,綜合考量這兩者之後可以幫助我們找到較為適合的定點,然而這兩者之間卻有一定的矛盾存在。舉例來說,溫度穩定的位置通風度可能較差,而通風良好的地方冬天不易維持合適的溫度,夏天時卻有不易悶熱的優點。因此<mark>選定位置之後,必須在不同季節進行觀察</mark>:夏天需注意「是否會過於悶熱」,

冬天則需注意「冷風是否會直灌」，然後再根據烏龜的狀態進行調整，確認所選的飼養位置能夠讓龜龜適應一年四季的變化。

> **POINT**
> 上圖為一般澤龜飼養缸的示意圖，詳細的器材選擇與布置方式後面會再一一說明。左邊圈起來的東西是「水下加溫棒」，Chapter 4 我們會再詳細提到它的用途，現在大家只需要先記得一件事：加溫棒安裝時要像上圖一樣，發熱部分一定要完全浸泡在水中喔！

 適應期的各種行為和解決方法

　　帶澤龜回家之後，不管你的飼養位置是否適合、環境設置是否完美，大多數澤龜都會經歷一段環境適應期，而且時間長短不一。這段期間澤龜可能會表現出<mark>不吃東西、不敢活動、非常躁動、人不在時會進食、人一出現就躲起來、小小動作就會嚇到牠</mark>……敏感行為。

　　這時候飼主並不必過度擔心，尤其很多人都會問九桃：「我家的澤龜帶回家已經兩三天了都不吃東西，是不是有問題？」其實，大多數情況都是因為適應期所致，而不是龜龜真的生病了。

　　面對這些問題，很多人都會做出錯誤的反應，例如懷疑環境不對，開始頻繁地改變環境設置；懷疑澤龜生病而頻繁地抓起來，甚至翻過來翻過去地檢查，早上看一下晚上也看一下；強迫澤龜進食，把食物放在牠們面前晃來晃去。<mark>殊不知這些行為，才是造成牠們需要更長時間去適應環境的主要原因</mark>。因此我們剛把澤龜帶回家時，除了要先選擇合適的位置並布置好環境之外，還需要注意以下幾件事：

★ **給澤龜一些自己的空間**：避免過度的觸摸和搬動，給予足夠的隱蔽空間，讓牠有安全感。

★ **放置固定的食物量**：儘管澤龜在適應期間可能不願意進食，仍應該按照正常的餵食時間提供新鮮的食物，然後人就離開，或者躲起來偷偷觀察牠們是否進食。

★ **盡量減少干擾**：在澤龜適應期間，盡量減少對牠的干擾，暫時不要有太多互動。等牠們開始穩定進食和適應環境之後，再慢慢增加互動。

如果問題一直存在，例如幼龜持續 3～5 天完全沒有進食，就建議直接請教專業的獸醫尋求協助。

◆ 烏龜適應期間應該盡量減少抓取的動作，暫時先不要打擾牠們

\ Chapter 3 /
幼龜安全飼養法

為什麼九桃要把飼養澤龜幼龜的環境布置，特別獨立成一章來談呢？許多人可能認為澤龜一定擁有良好的游泳能力，然而事實上，<mark>許多澤龜都是因為溺水而死亡的</mark>，特別是幼龜，這主要和飼主是否提供了正確的環境有關。幼龜的環境布置為什麼應該與成年龜有所區別，原因如下：

★ **游泳能力不足**：幼龜的游泳能力還在練習階段，因此水性沒有成年龜那麼好。

★ **活動力強**：幼龜通常好奇心強、活力充沛，換環境後會到處亂爬亂游，因此出事的機率更高。

★ **體質較弱**：幼龜的體質相對虛弱，身體不適時如果水位過深，牠們可能沒有力氣游到岸上。

很多小龜會因溺水而發生不幸，絕對不容輕忽！

綜合上述原因，九桃建議大家飼養幼龜時按照以下步驟布置環境，以確保牠們的安全：

❶ **準備活動容器**：使用一個足夠大的容器讓幼龜活動。
❷ **容器傾斜放置**：將整個容器墊高、傾斜放置，水位較高的一邊，水深不要超過幼龜身高的 2 倍，讓幼龜即使在水最深的地方，依然可以抬高頭部呼吸。
❸ **設置乾燥區域**：在墊高的一端應設置一個完全乾燥的地方，讓幼龜可以休息。
❹ **減少裝飾品**：避免在容器內放入多餘的裝飾品，保持環境簡單，以減少幼龜卡住或翻倒的風險。
❺ **放置假水草**：可在容器中放入仿真假水草（如右圖），當幼龜不小心在水中翻倒時，有機會勾到水草再翻回來。

以上的飼養方式是九桃認爲最安全且易於管理的，也能讓我們慢慢觀察幼龜的成長狀況。隨著牠們漸漸長大，可以適時更換較大的容器並且提高水位。

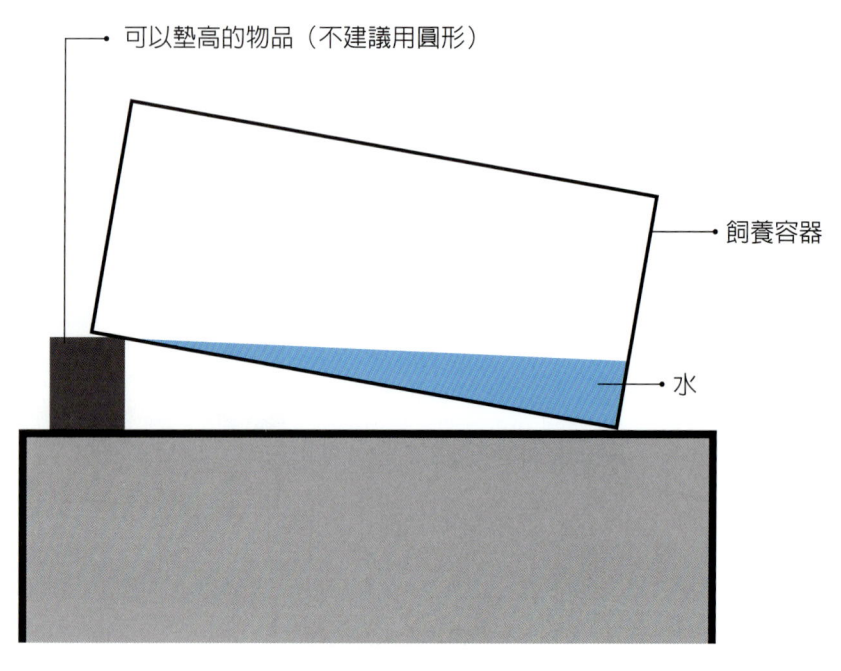

可以墊高的物品（不建議用圓形）

飼養容器

水

◆ 幼龜飼養方式圖解

\ Chapter 4 /
室內環境設置

鑽紋龜

學名 | *Malaclemys terrapin*　　英文 | Diamondback Terrapin

Unit 1 飼養容器

飼養澤龜前首先需要考慮的是容器，種類和選項都很多，也沒有固定的做法，因此許多飼主在飼養過程中，最大的樂趣就是設置和布置龜寶的生活環境。

雖然選擇飼養容器看似相當自由、沒有特別的限制，但是這樣的自由度反而會讓新手感到困惑，往往不知應該如何下手，或者疑惑該怎麼做才能選到最適合自己使用的容器。再加上網路資訊往往較為多元，前輩的經驗分享與建議也各不相同，更加重新手的選擇困難症。

因此，九桃在此為大家分析每種容器的優缺點，這樣就可以根據這些資訊評估並選出最適合自己和自家龜寶的飼養容器了！

澤龜套缸

顧名思義就是專門設計用來飼養澤龜的缸，通常有固定尺寸，材質有玻璃和塑膠。大多數的澤龜缸是設計給小烏龜使用的，所以如果要飼養幼龜，使用這種澤龜套缸在照顧和打理上都會非常方便。整體來說，這種容器易於入手和操作，是新手飼養澤龜的首選。

Chapter4　室內環境設置

優點

★ **適合幼龜**：特別適合前期飼養小烏龜使用。

★ **易於管理**：設計簡單，便於清潔和維護。

★ **可選擇配置過濾器和浮台**：選配過濾器和浮台能延長使用時間，也可以用來飼養體型稍大的烏龜，不用一長大就必須馬上換缸。

缺點

★ **水位偏低**：澤龜缸的水位通常較低，特別是塑膠材質的長得有點像盆子，靈活度較差，只適合小烏龜使用。

★ **適用範圍有限**：對於體型較大的烏龜或成年烏龜，活動空間太小。

費用

★ 大約 100 元～1000 元以上。

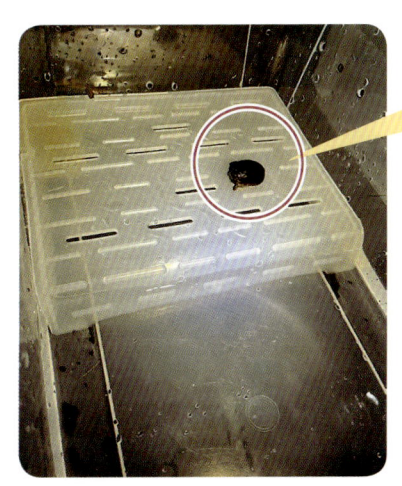

Hi!
我在這裡！

◆ 塑膠澤龜套缸
　適合體型較小的幼龜

◆ 塑膠澤龜套缸的內部環境

POINT

上一頁有提到澤龜套缸可以選配浮台，浮台是滿足澤龜棲息需求的重要設施，能讓澤龜在缸內環境活動自如，是飼養澤龜的必備用品，作用如下：

❶ **棲息平台**：澤龜既能在水中游泳，也需要能夠爬上岸休息和曬太陽。浮台提供了一個讓牠們在水中和岸上自由活動的空間。

❷ **幫助獲取紫外線照射**：澤龜需要一定的紫外線照射來合成維生素 D3 以維持健康。因此浮台通常設置在離加熱燈和紫外線燈較近的位置，幫助牠們獲得充足的紫外線照射。

❸ **成為觀賞點**：飼主平時可以欣賞澤龜在浮台休息、曬太陽的可愛模樣，能增加不少觀賞樂趣。

▷ 塑膠箱

塑膠箱的種類非常多樣，常見的如耐酸桶、儲運箱等等，都可以用來飼養澤龜。總而言之，塑膠箱是一種非常實用且靈活的飼養容器，==適合有一定經驗的飼主使用==。雖然在美觀性上不如玻璃缸，但在耐用度和靈活性上具有明顯優勢。

❶ **箱體大小和高度**：首先要確認塑膠箱的大小和高度，能夠符合飼養需求。

❷ **環境布置能力**：確認是否能夠自行布置出澤龜所需要的上岸處和其他生活環境。

優點

★ **變化度高**：塑膠箱是一種靈活多變的飼養容器，適合創意布置。

★ **耐用度高**：相較於玻璃缸，塑膠箱更耐用而且不易破損。

★ **價格實惠**：價格相對較低，性價比高。

缺點

★ **美觀性不足**：塑膠箱即使是透明的，也不如玻璃缸美觀。

費用

★ 大約 200 元～ 500 元。

◆ 適合飼養澤龜的空塑膠箱

◆ 布置後的塑膠箱澤龜飼養區

❯ 魚缸

魚缸也是許多澤龜飼主常用的飼養容器，尺寸種類也是非常多種，因此很容易找到適合自家龜龜的大小。此外，現在的魚缸價格不高，購買方便，很多飼主甚至會沿用原先養魚的魚缸來養龜。

優點

- ★ **多種尺寸**：魚缸的尺寸相當多樣化，可以輕鬆找到適合的大小。
- ★ **購買方便**：市面上的魚缸價格實惠且容易買到。
- ★ **觀賞性佳**：魚缸透明度高，便於觀察和欣賞澤龜。

缺點

- ★ **需要自行布置**：魚缸內部需要自行布置，才能滿足澤龜的需求。
- ★ **重量較重**：魚缸較重，移動不便，在機動性上不如塑膠箱。
- ★ **較易破碎**：魚缸材質易碎，需要小心處理。

費用

- ★ 大約 100 元～ 500 元。

◆ 空魚缸也可以用來飼養澤龜

❧ 訂製缸

相信對九桃有所了解的讀者都知道,我們家的卡卡就是住在訂製缸裡。訂製缸可以說是最能滿足養龜人需求的容器。通常,現成的訂製缸是根據其他養龜人的巧思設計,而自己設計的訂製缸則更能符合個人的需求。但是**設計訂製缸需要一定的飼養經驗**,才能打造出真正符合需求的缸子,以下就用卡卡的訂製缸當作範例:

優點

★ **量身訂製**:完全根據自己的設計來製作,能夠滿足特定的飼養需求,例如**固定式浮台**與**隱藏式側部過濾**設計,使得缸子更美觀,打掃更方便。

缺點

★ **後續無法更動**:一旦設計好,後續就很難進行改動,所以需要具備一定的飼養經驗,才能規劃出不會後悔的設計。

★ **價格較高**:訂製缸的價格通常較貴,而且價差頗大,取決於做工、材質和大小等因素。

費用

★ 價差較大,依實際情況而定。

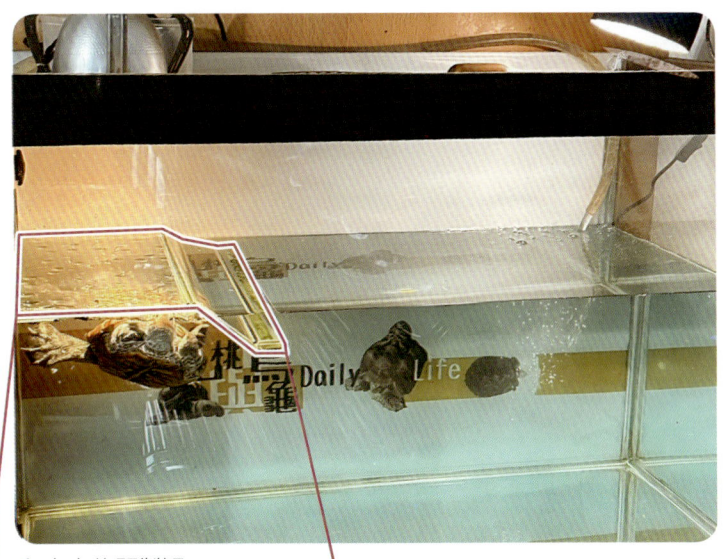

◆ 卡卡的訂製缸

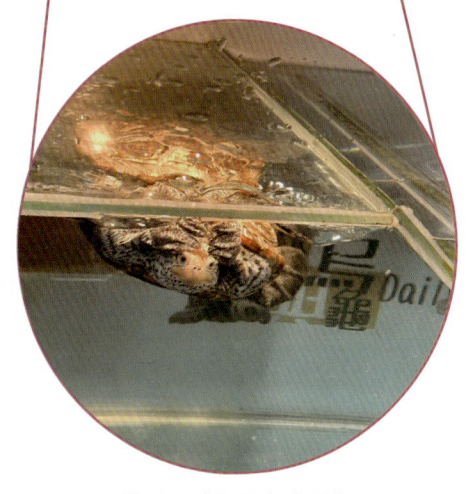

◆ 特別設計的固定式浮台　　　　◆ 特別設計的隱藏式側部過濾

❧ 一體式繁殖箱

最近越來越多人選擇使用一體式繁殖箱來飼養澤龜,這種養殖方式在歐美國家,尤其是繁殖場很常見,九桃也用了好幾個這種飼養容器。一體式繁殖箱通常設計完善,排水系統、水區、岸區、產卵區、防逃裝置等,各種設計皆有,可以說只要裝上過濾器和燈具後,就可以直接開始飼養烏龜了。

優點

★ **設計完善**:包含排水系統、水區、岸區、產卵區和防逃裝置,使用方便。

★ **隨插即用**:只需裝上過濾器和燈具,就可以直接使用。

★ **耐曬材質**:許多一體式繁殖箱使用耐曬材料製作,非常適合放置在戶外。

缺點

★ **水位較低**:除非自行訂製,不然通常水位設計較低,無法更改內部設置,<mark>不適合游泳需求較大的物種</mark>。

★ **價格較高**:價格通常與訂製玻璃缸相當,不算便宜。

★ **觀賞性差**:只能從上方觀賞和觀察澤龜,視野有限。

★ **需要自行改裝**:如果從小烏龜開始飼養,需自行將產卵區遮蓋起來,以免烏龜不小心掉落。

費用

★ 2000 元~ 8000 元之間。

◆ 空的一體式繁殖箱

◆ 布置好的一體式繁殖箱

Unit 2 如何設置飼養澤龜的水位

我們先來說明如何判斷水位,這是飼養澤龜時必須掌握的基本知識,如果水位設置不當,很容易對龜龜造成危險。這裡先撇開飼養幼龜的水位不談,如果是幼龜,請參考 Chapter3 的說明。

如何判斷適當水位

以下九桃將澤龜大致分為兩種,以表格方式呈現。這裡的水位深度判斷,是以多數的澤龜習性來做建議,當然每種物種會有些許不同,還是要以各物種的習性以及狀態去做調整喔!

	底棲龜種	游泳龜種
澤龜種類	蛋龜、泥龜……	鑽紋龜、巴西龜……
活動範圍	主要在底部行走覓食	會游到水面覓食並到處游泳
水位深度建議	水位不需特別深,約為背部甲殼長度的 1.5 至 2 倍	水體以及水深都需要比較大且深,水位約為背部甲殼長度的 2 至 3 倍
水位深度說明	能夠提供足夠的活動空間,同時保持龜龜的安全	能夠滿足游泳需求,提供更大的活動空間

❯ 適當水位的重要性

在實際飼養的過程中，應根據上述水位建議進行初步設置，但同時也需要觀察澤龜的行為和狀態，確保這樣的水深對牠們來說是安全且適合的。如果水位設置不當，可能會發生以下情況，必須特別注意：

★ **水位太淺**：可能導致澤龜不適，例如背部甲殼變形、缺乏安全感，甚至在翻身之後無法自救。

★ **水位太深**：可能導致澤龜過度疲累，尤其在身體不適時，有可能會沒有足夠力氣游到岸上休息。

如果發現龜龜有任何不適，<mark>應及時調整水位</mark>。透過觀察和經驗累積，一定可以找到最適合自己澤龜的水位高度。

◆ 底棲龜種的水位深度是背部甲殼長度的 1.5 至 2 倍左右，水位適中

Unit 3　上岸處布置

　　上岸處的布置對於飼養澤龜來說是必不可少且極其重要的，**所有的澤龜都需要常年提供一個上岸處**，因為澤龜實際上在岸上和淺水區兩處生活的時間都相當長。更為重要的是，澤龜會在上岸處休息並曬太陽以吸收熱量，保持殼體乾燥，從而殺菌保持健康。

　　還有一個大家比較不清楚的原因是，澤龜有時會因為身體不適而選擇上岸調節身體狀況。在水中生活需要消耗更多的力氣來維持換氣等等需求，所以設置上岸處不僅有利於龜龜的健康，還能幫助我們更方便地觀察牠們的狀態，並且判斷健康情形。

　　市面上的上岸處種類繁多，每種都有各自的優缺點，以下九桃為大家分享幾種較為常見的。

▶ 浮島型上岸處

　　浮島類型的上岸處算是很多人喜歡使用的，如果你飼養的是幼龜而且使用玻璃缸，選擇這種形式的會非常不錯。但是等到澤龜長大以後，就必須更換成適合大隻龜龜的上岸處。

優點

★ **造型美觀**：大多數的浮島設計精美，為飼養環境增添賞心悅目的視覺享受。

★ **隨水位變化**：可以隨著水位升降，保持上岸處的適用性。

★ **節省空間**：減少占用水下的活動空間，為澤龜提供更多游泳的範圍。

缺點

★ **只適合幼龜**：浮島型上岸處適合幼龜，但是只要體型稍微大一點的澤龜就不太適用了，因為浮於水面較不穩固，有承重力的限制。

費用

★ 500 元～1000 元之間。

◆ 外形美觀的浮島型上岸處

⋗ 固定式上岸處

固定式上岸處有多種樣式，除了訂製缸上直接設置好的固定式上岸處，許多飼主也會使用大石頭等材料自行建造。像九桃在繁殖澤龜時，會利用紅磚搭配砂盆斜坡來設置，有些飼主甚至會將活動式浮台固定在飼養容器上，變成固定式上岸處。

優點

★ **穩固性高**：固定式上岸處較為穩固，大型澤龜也能使用。
★ **價格實惠**：大多可以自行 DIY，成本相對較低。

缺點

★ **靈活度低**：布置方式無法更動，若需要飼養其他物種時可能無法適用。
★ **變更困難**：一旦設置完成，後續調整和變動較為困難。

費用

★ 0 元～ 200 元之間。

◆ 繁殖區的固定式上岸處

❖ 活動式上岸處

這種上岸處的種類也非常多，應該是最多人使用的，大致可分為<u>吸盤式</u>和<u>掛式</u>兩種設計，價格相對較為便宜，並且可以靈活應對各種水位需求的澤龜。不過缺點跟浮島型上岸處一樣，體型較大的烏龜就無法使用，而且吸盤有一定的承重力上限以及黏得夠不夠緊的問題，要看飼主使用的飼養容器材質以及安裝方式來決定。

優點

- ★ **價格實惠**：這種類型的上岸處，價格相對便宜。
- ★ **靈活性高**：可以靈活應對各種水位需求的澤龜。

缺點

- ★ **承重限制**：體型較大的烏龜無法使用，因為吸盤的承重能力有限。
- ★ **穩定性問題**：吸盤的黏附力可能隨時間減弱，要看飼養容器的材質和吸盤的安裝方式。

費用

- ★ 50 元～ 300 元之間。

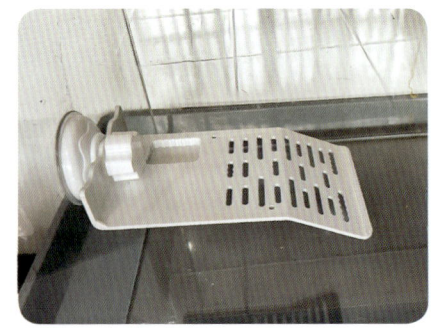

◆ 吸盤式的活動上岸處

Unit 4 加溫設備選擇

　　加溫設備在飼養澤龜時是不可或缺的。眾所皆知烏龜是外溫動物，牠們需要透過外界的熱量來提升身體機能和促進消化等等。除此之外，加溫燈具還有特殊的用途，例如幫助澤龜保持背甲乾燥，並且有些燈具可以模擬太陽的能量。因為飼養在室內的龜龜有可能長期無法曬到太陽，我們只能利用這些燈具來進行補充。

　　加溫設備也是讓新手最感困惑的設備之一。究竟應該如何使用？如何搭配？瓦數如何選擇？這些問題讓許多人都摸不著頭緒。以下，九桃將為各位分享各種加溫設備的優缺點，作為選購時的基本參考。

❯ 品質良好的燈具

　　燈座是安裝各種燈具之前需要首先選購的設備，款式百百種，價格從非常便宜到非常昂貴都有。一般來說，設備的用料品質會反映在價格上，因此九桃建議選擇品質較好的燈座，畢竟烏龜用的燈具溫度都非常高，好的燈座不僅可以延長燈具的使用壽命，還能提高使用安全性。那麼，品質良好的燈具應該具備哪些特點呢？

❶ **燈罩最好選擇金屬製的**：避免使用塑膠製燈罩，因為容易熔化。
❷ **燈座應該選擇陶瓷製的**：陶瓷具有更好的耐熱和散熱效果。

❸ 燈座內側的螺紋最好有四圈：這樣才能提供更好的穩定性和接觸面積。

❹ 燈具接點要選擇銅製的：才能確保優良的導電性和提升燈具耐用度。

當然，品質較好的燈具價格會比較高，但其安全性是所有飼主不可忽視的。

◆ 外部燈罩為金屬製　　◆ 內部為陶瓷燈座

▷ 聚熱燈

顧名思義是一款能提供相對集中熱點的燈具。市面上有許多種類的聚熱燈，通常沒有特別標註 UVA 或 UVB 字樣的燈泡，表示它們所提供的 UVA 或 UVB 光譜並未達到有效程度，只是單純提供一個熱點的燈具，我們就當成一般的聚熱燈來使用。

Chapter4　室內環境設置

優點

★ **價格較低**：聚熱燈通常價格實惠，適合初次飼養澤龜的飼主。

★ **提供足夠熱量**：能很好地為澤龜提供所需的熱量，讓牠們有一個溫暖的休息區。

缺點

★ **功能較基礎**：聚熱燈無法補充足夠的 UVB 紫外線，如果又處於無法到室外曬太陽的狀況，長時間下來對於澤龜的健康影響是會有疑慮的。

★ **無法提高整體溫度**：熱能主要集中在局部熱點，對於提高整個飼養環境的溫度，效果較為有限。

> **POINT**
> 小小簡單的跟大家分享一下 UVB 紫外線對於澤龜的功用是什麼吧！
> UVB 簡單來說就是能幫助龜龜吸收鈣質。烏龜吃下去的鈣質需要藉由攝取 UVB 紫外線來自然合成維生素 D3，而維生素 D3 正是幫助鈣質吸收的關鍵，因此有照射 UVB 的狀況下，鈣質比較容易被烏龜吸收利用喔！

◆ 左上角的光源即為聚熱燈　　◆ 聚熱燈能提供龜龜較為集中的熱度

❖ 陶瓷燈

　　陶瓷燈能夠有效提高整體溫度,而且本身不會發出亮光,因此非常適合當成**夜間加溫**或**全天候長時間**提高飼養環境溫度的燈具。

優點

- ★ **價格適中**:陶瓷燈的價格相對經濟實惠,性價比高。
- ★ **提高整體氣溫**:對於提升整體飼養環境溫度有顯著效果。

缺點

- ★ **高溫危險**:燈泡溫度可達數百度,不小心碰到會很危險。
- ★ **破裂風險**:陶瓷燈開啟時如果碰到水,燈泡會有破裂的危險。
- ★ **濕度下降**:使用陶瓷燈後環境濕度會急劇下降。雖然所有的加溫燈具都會降低濕度,但陶瓷燈的影響特別明顯。

◆ 陶瓷燈泡

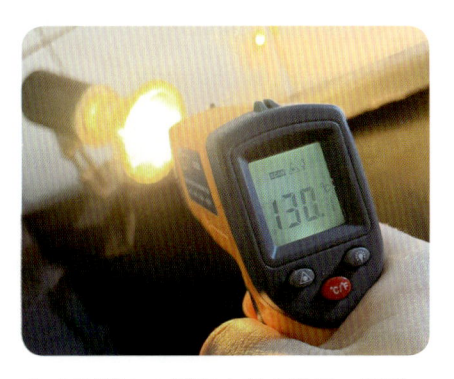

◆ 小提醒!!燈泡本身非常燙,使用時千萬要注意

全光譜燈泡

　　這是近幾年來大家非常愛用的燈具，除了能夠提供熱點，還特別適合無法經常帶澤龜去曬太陽的飼主。雖然貴了一點，但對於澤龜健康的益處無疑是值得投資的。

優點

★ **提供多種能量**：全光譜燈泡能模擬太陽光，提供熱度、UVA 和 UVB 等多種光譜，有助於澤龜維持健康。

★ **模擬太陽光**：雖然無法完全取代自然陽光，但能幫助無法經常帶龜龜出門曬太陽的飼主，提供澤龜必要的光照。

缺點

★ **價格較高**：全光譜燈泡價格相對較高，是唯一的缺點。

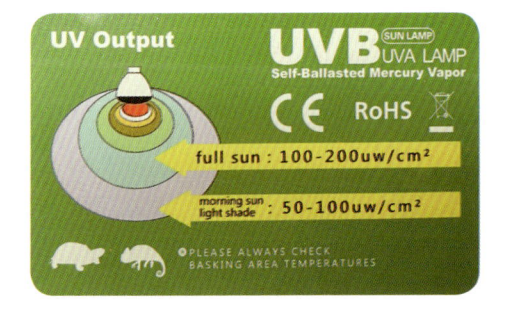

◆ 全光譜燈泡

◆ 全光譜燈泡最大優點是能提供澤龜有效的 UVA 和 UVB 光譜

❧ UVB 燈

　　UVB 燈通常不提供熱度，是一種單純的照明工具，也就是俗稱的**「補鈣燈」**。冬天使用 UVB 燈時，仍需搭配其他加熱設備來保持適宜的溫度。使用建議如下：

❶ 選擇 UVB 燈時要注意其數值，通常 **5.0 至 10.0 以上** 才會有較好的效果。5.0 UVB 燈代表的意思是，所發出的光中含有 5% 的 UVB，而 10.0 UVB 燈所發出的光則含有 10% 的 UVB。假設兩種燈泡壽命一樣，5.0 UVB 燈和 10.0 UVB 燈相比效能減半。依照九桃的經驗，建議大家如果原先打算選擇 5.0 UVB 燈，可以改成選擇 10.0 UVB 燈但是照射時間減半，這樣會比較划算喔！

❷ UVB 燈不提供熱度，在寒冷季節需要**搭配其他加溫設備**。

◆ UVB 燈泡　　　　　　　◆ 選購時要注意 UVB 數值

❖ 加溫棒

　　是一種放置於水中，用來提高水溫的設備，一開始較常用於飼養水族，但飼養澤龜也一樣適用。使用加溫棒為澤龜加溫時，有幾個重點需要注意：

❶ 建議購買<mark>帶有防護套</mark>的加溫棒，以避免澤龜咬到或被燙傷。

❷ 加溫時要均勻，通常<mark>不建議只加熱水下、不加熱水面</mark>，因為這樣可能會導致水中溫差過大而影響澤龜的健康。更詳細的加溫配置請參考 70 頁的分享。

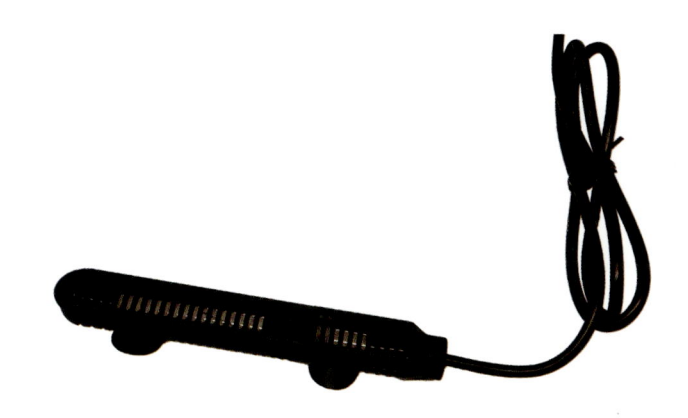

◆ 帶有防護套的加溫棒

Unit 5 如何判斷燈具瓦數？

在眾多網路購物平台上，燈具的種類琳瑯滿目，瓦數選擇也是五花八門，如何挑選適合的燈具瓦數，經常讓許多飼主感到頭痛。瓦數基本上代表了燈泡所提供的能量，瓦數越高，能量也就越大。對於提供溫度的燈泡來說，瓦數越高，所產生的熱度自然也就越高。

了解瓦數的基本概念後，來分享一下如何判斷我們的飼養環境需要搭配多少瓦數的燈具。剛剛提過**瓦數越高，溫度就越高**，但還有一個影響溫度的因素必須考量進去──**距離**。燈泡距離照射物越近，所提供的熱量也就越高。因此，在決定需要多少瓦數的燈具之前，我們應該先考慮燈具設置的位置與照射區域的距離。

如下圖所示，測量燈泡表面到照射處的距離所得出的數據（例如40cm），就可以作為判斷燈泡瓦數的參考數值，用來選擇合適的燈具。

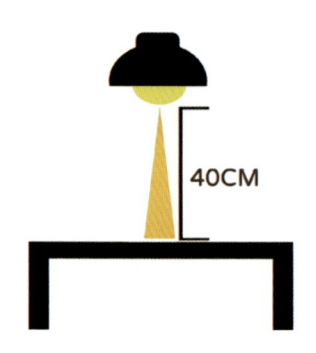

此外，我們也需要了解所選燈泡能提供的熱度，因為每種燈泡的功能並不相同，所能提供的熱度也各異。以下是九桃親自測量的全光譜燈泡溫度表，用來示範如何判斷合適的燈泡瓦數。

全光譜燈泡溫度表（環境溫度：26°C）

瓦數 / 照射距離	30cm	40cm
全光譜 70W	43°C	36°C
全光譜 100W	45°C	38°C
全光譜 160W	51°C	47°C

假設安裝燈泡的位置距離需要照射的飼養環境為 30cm，從上表中可以看到，全光譜 70W 燈泡在 26°C 室溫下可以提供加溫到 43°C 左右。換句話說，如果當天氣溫只有 15°C，在照射距離一樣 30cm 的情況下，使用全光譜 70W 燈泡大約只能加溫到 32°C 左右。

以上這些數值僅供參考，實際情況可能會有所出入。這張表格的用意是讓大家明白，在評估需要使用多少瓦數的燈泡前，需要先了解以下幾個關鍵因素：

❶ **燈泡表面到照射位置的距離**：如果燈泡照射角度是斜的，那麼照射距離也要斜著測量才會準確。

❷ **燈泡的基本加溫數值**：購買前要先了解燈泡的加溫能力。

❸ **飼養環境的室溫**：必須考慮飼養環境中可能遇到的室溫狀況，以及理想的加溫溫度，以減少誤差。

❹ **飼養物種的溫度需求**：根據不同澤龜物種所需要的不同溫度進行判斷，這樣才會更符合龜龜的需求。

POINT
判斷燈具瓦數時，龜龜的身高常常會被忽略而沒有算進去。如果澤龜身體厚度有 10cm，在測量照射距離時需要把這個數字一併計入，否則溫度容易過高。

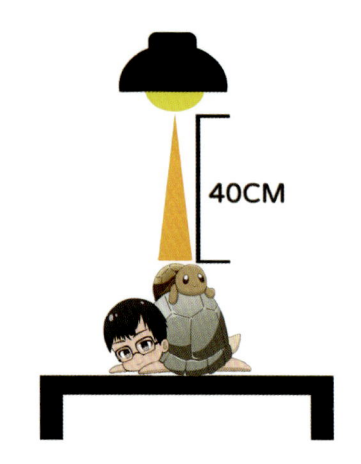

◆ 測量照射距離時，記得要加上龜龜的身高

　　以上這些分享，希望能夠幫助大家準確地選出適合的燈泡瓦數。但就算事前做了詳細的判斷，購買的燈具仍有可能不符合我們的加溫需求，所以九桃再跟大家分享幾個解決問題的小方法。

斜照改變溫度

　　當垂直往下照射溫度過高時，可以改為斜著照射，藉由拉長燈泡到照射位置的距離，從而降低溫度。相反地，如果原本打算斜著照射但是

溫度不夠，可慢慢將燈泡調整為垂直照射直到理想的溫度。總而言之，**靈活調整燈具的位置和角度**，就能夠達到所需的加溫效果。

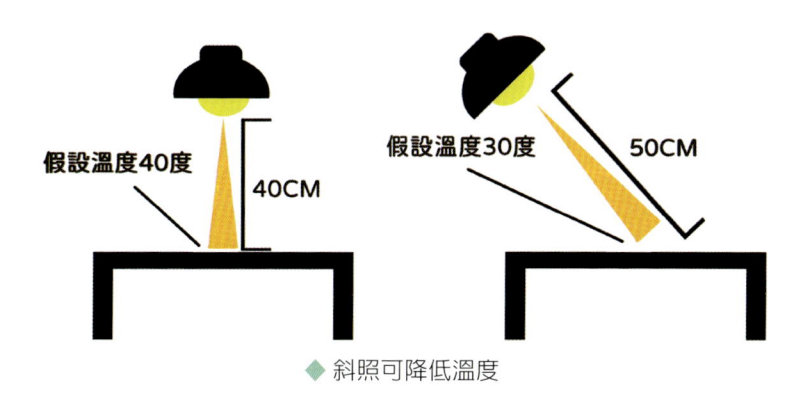

假設溫度40度　40CM

假設溫度30度　50CM

◆ 斜照可降低溫度

改變燈具高低

這是調整溫度最直接且有效的方法。如果溫度過高，可以將燈具抬高或架高、拉長照射距離；如果溫度不夠，則可以將燈具位置降低、減少照射距離。因此，建議大家在放置夾燈或掛燈時，選擇**可以調整高度**的設置方式，就可以大大提高使用燈具的靈活性。

使用控溫器

控溫器是很多人都會使用的設備，可以讓原本瓦數很高的燈泡依照我們的需求來調整溫度，是個非常不錯的方法。但是九桃在此提醒大家，購買控溫器時建議挑選品質較好的，可以減少燈泡損壞的機會。此外，**並不是每種燈具都可以使用控溫器**來調節溫度，在使用前要特別注意。

Unit 6 室內燈具配置

分享完各種燈具的功能及如何判斷所需瓦數後,接著要介紹燈具配置。每種燈泡有各自的功用,我們可以取其優點進行搭配,從而讓澤龜在飼養環境中更安全、更健康地生活。

❯ 單一熱點配置

如下圖所示,這是最簡單且最常見的燈具配置。在飼養環境中的上岸處曬台,提供一個早上時段的熱點,用途在於**模擬早晨太陽升起**後溫度上升的情況,此時澤龜會爬到岸上曬乾身體,以獲取熱量並乾燥甲殼。

至於要選擇聚熱燈或全光譜燈泡,可以根據個人需求而定。飼主如果能夠經常帶澤龜去曬太陽,選擇聚熱燈即可;但飼主如果無法經常帶澤龜曬太陽,或者希望龜龜能多補充陽光,就可以選擇全光譜燈泡。

這種配置並不只適用於夏天,九桃自家室內飼養的澤龜,一年四季都是這樣生活的。不過,這種方式在**天氣寒冷時會造成水上水下的溫差**,但野外的龜龜也是會面臨類似情況,所以對於比較耐寒或體型較大的澤龜來說,這種配置是可行的,但建議大家要先進行風險評估。

Chapter4　室內環境設置

◆ 在上岸處提供一個熱點的溫度配置

全面加溫配置

前面提過，<mark>冬天</mark>時使用單一熱點配置可能會存在風險，如果飼養小龜或者不耐寒的物種，比較建議採用全面加溫的方式，以下是具體的配置方法：

★ **岸上熱點**：在上岸處配置一個熱點燈具，主要在早上時段開啓，以模擬太陽升起後的溫度提升，這樣澤龜可以在需要時上岸曬燈，從而獲取必要的熱量並乾燥甲殼。

★ **全天候陶瓷燈**：旁邊安裝一顆陶瓷燈，用於全天候加熱空氣，保持環境溫度穩定。

★ **水下加溫棒**：安裝一根加溫棒可有效維持水溫，減少上下層溫差過大的情況。

這樣全面性的加溫配置，可以為澤龜創造出舒適溫暖的過冬環境。

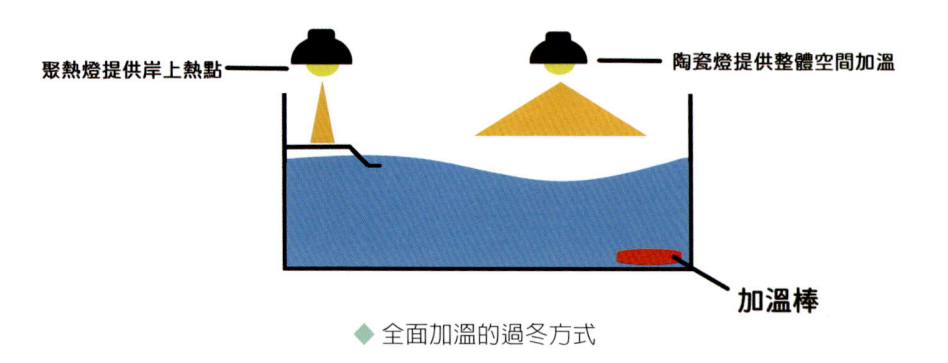

聚熱燈提供岸上熱點　　　　　　　　　　陶瓷燈提供整體空間加溫

加溫棒

◆ 全面加溫的過冬方式

POINT

九桃不建議只用加溫棒加熱水下、而不加熱水面的方法，這種配置的上岸處沒有任何加熱設備，當澤龜從溫暖的水中上岸後，身體仍處於濕熱狀態，如果在沒有加熱的環境中吹到風，極易因受寒而導致感冒。這樣的溫差環境在自然界中並不常見，對澤龜的健康構成較高風險，因此為了保障澤龜健康，應避免採用只在水下加熱的配置方式。

Unit 7 過濾設備

雖然過濾器不是飼養澤龜的必要設備，但在室內飼養時使用確實有許多好處。其中大家最熟知的優點就是<mark>可以減少換水頻率</mark>，如此一來不僅能降低對澤龜的干擾，還能防止一些物種因頻繁換水、水質不良而出現皮膚病或甲殼腐爛的症狀。尤其冬天時室內和室外溫差較大，換水的風險更高。

除了減少換水和維持水質之外，設置過濾設備仍需要進行多方面的綜合考量，像是要選擇哪種過濾器材？過濾器應選擇多大流量的？以下就讓九桃來跟大家分享這些細節吧！

❯ 選擇適合養龜的過濾器

飼養澤龜的過濾器通常使用<mark>沉水馬達</mark>，優點是可以在較低的水位下作業，這對澤龜的生活環境來說非常適合。相較之下，常見的外掛過濾器和揚水馬達等，都需要一定的水位高度才能正常使用，並不太適合用於飼養澤龜。

❖ 如何判斷過濾器的流量

有非常多飼主在看過濾器流量時都會一頭霧水，通常過濾器外包裝上會標明「○○○ L/H」，這裡的「L」代表水量（公升），而「H」則代表一小時。例如，過濾器標示為 1000L/H，意味著該過濾器每小時可以過濾 1000 公升的水。簡單來說，如果我們飼養澤龜的水容量為 100 公升，那麼這款 1000L/H 的過濾器，理論上可以在一小時內循環過濾全部的水達到 10 次。

在選擇過濾器流量時，九桃有自己對於優先順序的考量：

❶ **安全性**：不管過濾器的流量如何，首要考慮是不影響澤龜的自由活動。如果流量太大，可能會對澤龜造成危險，這時就必須更換過濾器。

❷ **過濾效率**：在不影響澤龜安全的前提下，理想的過濾效率應該是一小時內可以過濾水量 5 到 8 次。理論上，過濾次數越多，水質就會越乾淨。

以上是九桃自己選擇過濾器的方法。基本上對於幼龜來說，一個小時過濾效率 5 到 8 次的過濾器，通常不會影響牠們的自由活動。當然，這只是一個基本的判斷標準，使用時如果發現流量太強或太弱，還是需要根據實際操作狀況進行調整，幼龜建議選擇較小的過濾器作為輔助就好。總之，龜龜們的<mark>安全</mark>一定要放在第一順位喔！

POINT 如何計算飼養容器的水量？

其實非常簡單！計算公式是將容器的長、寬和水位高度相乘，然後除以 1000，得出的結果就是水量的公升數。例如一個長 100cm、寬 50cm、水深 30cm 的容器，其水量計算如下：

- 計算公式：（長 × 寬 × 水位高度）/ 1000 ＝水量（公升）
- 計算範例：（100 × 50 × 30）/ 1000 ＝ 150 公升

只要這樣套用公式，我們就可以輕鬆得知容器的水量啦！

適合養龜的過濾方式

推薦過適合養龜的沉水馬達，也說明了如何選擇過濾器流量。那麼，在這麼多種過濾設備中，我們究竟應該如何做出選擇呢？

基本上，飼養澤龜常見的過濾設備有三種類型：**上部過濾、底部過濾和圓筒過濾**。九桃自己主要也是使用這三種，其他的過濾方式九桃認為不太適合用於飼養澤龜，就不在此分享了。以下我們來重點討論這三種過濾方式的優缺點。

上部過濾

上部過濾器是一種安裝簡單、價格較低且靈活性較高的選擇。安裝時只需在飼養環境中找一個適合掛上過濾器的位置，連接好水下的沉水馬達和管線，就可以輕鬆開始過濾了。除了這些優點之外，九桃認為上

部過濾器還有一個很棒的地方，那就是**更換過濾棉非常方便**。

然而，上部過濾器也有一個大家蠻在意的缺點，就是過濾槽位於上方，如果燈具也剛好安裝在旁邊，過濾槽容易長出藻類和青苔，清洗時可能會比較麻煩。此外，由於沉水馬達需要安裝在飼養容器裡面，有時可能會出現澤龜把過濾器弄歪或弄掉的狀況。

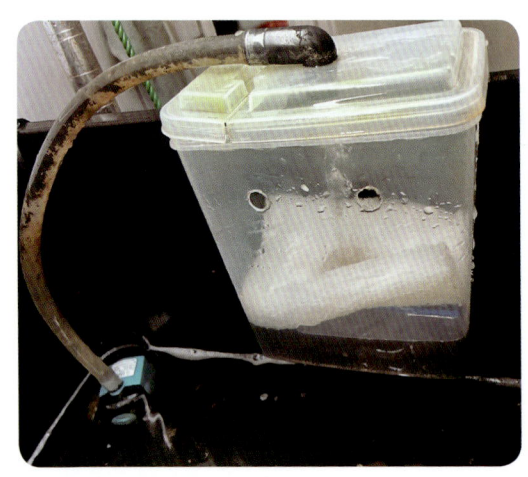

◆ 自製的簡易式上部過濾器

底部過濾

底部過濾是一種特別美觀的過濾方式，但是專為飼養澤龜所設計的底部過濾器比較少見，所以飼主可能需要訂製。底部過濾最大的優勢是**馬達和管線不外露**，使得整體布置看起來非常整潔舒適，尤其適合有繁殖需求的飼主。由於容器底部通常會鋪設砂石等等，使用底部過濾器可以避免吸入砂石而損壞馬達。

Chapter4　室內環境設置

　　底部過濾器的最大缺點是價格相對較高,雖然美觀和實用性兼具,但高昂的成本可能會是一些飼主考慮時的限制因素。

圓筒過濾

　　圓筒過濾器也是一種可以讓飼養環境內的管線看起來較為簡潔的過濾方式,好的圓筒過濾器通常只需要一個進水管和一個出水管,而且**比較不占空間**,只需找一個合適的地方放置即可。不過,圓筒過濾器的缺點非常明顯,那就是需要定期拔出圓筒進行清洗,這一點與上部過濾或底部過濾相比之下較為麻煩。

　　每家廠商的圓筒過濾器設計各有不同,現在有些設計比較方便操作,但在更換濾材方面,通常不像上部過濾或底部過濾那樣簡單。選擇圓筒過濾器時,這些因素都需要一併考慮進去。

◆ 圓筒過濾器

Unit 8 室內飼養需要注意什麼

前面跟大家分享了非常多關於環境設置的細節，相信到此大家都對設置自己的澤龜飼養環境有些基礎概念了！現在來跟大家分享飼養在室內時一些需要特別注意的重點。

▸ 冷氣房飼養注意事項

當我們將澤龜飼養在室內，不管是客廳或者臥室等等空間，難免都有需要開冷氣的時候，此時需要特別注意澤龜飼養容器的位置，**絕對不能將澤龜放置在距離冷氣出風口太近的地方**，這樣牠們會被冷空氣直接吹到。特別是澤龜上岸曬背時，一直持續吹到冷風對牠們來說是非常危險的，有可能對健康造成威脅。

此外，在有冷氣的環境中飼養澤龜還要**特別注意溫差**。夏季冷氣開啟前後的室溫差異通常很大，室外氣溫可能在30℃以上，而冷氣通常會設定在27℃或是更低，這樣就至少會有3℃以上的溫差。因此，最好將澤龜放置在遠離出風口，並且不太受冷氣影響的位置。

夏天飼養區注意事項

為什麼夏天時需要特別注意飼養區呢？因為夏天氣溫通常會高達 30 多度，如果這時候只使用照射在上岸處、幫助澤龜曬背的加溫燈，有兩個重點需要留意：

❶ **曬背燈溫度**：在夏天 30 多度的氣溫下，澤龜上岸後實際被曬背燈照射到的溫度非常重要，建議最高溫維持在 35℃以下。如果溫度過高會導致澤龜曬傷，或造成牠們雖然想要上岸曬背，但因為太燙而不敢上去的情況。

❷ **環境溫度**：在原本就悶熱的天氣條件下，如果飼養容器周圍較高且不透氣，很容易導致飼養環境內的氣溫過高或過於悶熱，這對龜龜來說是非常危險的。

總之，夏天飼養澤龜時，除了需要注意使用適當的曬背燈之外，還要確保飼養環境通風、溫度適宜，避免過高的氣溫和悶熱條件對澤龜造成不好的影響。

❖ 小心室內有老鼠出沒

室內飼養時很多飼主都會遇到一個常見問題——家中有老鼠出沒，這對澤龜來說是一個非常嚴重的安全隱患。老鼠可能被澤龜飼養環境中殘留的食物或其氣味所吸引，對澤龜構成威脅，體型大的澤龜可能會被老鼠咬傷，幼龜則可能整隻被叼走甚至被吃掉。因此，如果家中有老鼠出沒的狀況，建議為澤龜安裝防護網，以防止老鼠侵擾。

◆ 為了防老鼠所設置的鐵網

Unit 9 室內飼養推薦實用工具

　　室內飼養相對於戶外飼養較為不方便，因此選用合適的工具顯得格外重要。大多數室內飼主會裝設過濾器，所以清理過濾器材往往會多花一點心力，以下九桃就來推薦一些好用的工具。

❖ 小刷子

　　飼養澤龜時，不管是缸壁上的水垢汙漬還是自己長出來的青苔，都需要用到刷子來清理，是非常必要的小工具。建議可以**同時準備兩支**，一支用來打掃環境，另一支用來幫龜龜刷背（或者用小牙刷也可以）。

　　九桃建議大家選擇細長形狀的刷子，在水下清理縫隙時非常好用，最好還有**正面刷毛**，就能更輕鬆地清理飼養容器的直角處。

◆ 這種帶有正面刷毛的小刷子，清理飼養環境時非常好用

❯ 水管刷

對於已經安裝過濾器的飼主來說，這會是一款非常實用的小工具，不僅可以有效清理過濾器水管中的水垢和青苔，還有一個很棒的用途——清潔過濾器馬達，可以讓馬達保持乾淨，延長使用壽命，同時維持良好的過濾效果。

◆ 水管刷可以很方便地清理過濾器的水管和馬達

❯ 撈魚網

看到撈魚網許多人心裡可能會想：「我養的明明是澤龜，為什麼需要撈魚網呢？」其實這個小工具有兩個妙用：第一，可以用它輕鬆地撈走龜龜沒有吃完的飼料，這個步驟非常重要，能夠有效減緩飼養環境的水質汙染速度。第二，底部的沉澱物，包括澤龜的糞便或是飼料殘渣，都可以用網子進行基本的清除。

◆ 撈魚網可以用來清除水面殘餘飼料或底部沉澱物

❖ 抽水器

　　特別適合室內飼養且缺乏快速排水設施的飼主。如前所述，澤龜飼養環境的底部常會積聚大量髒汙，在這種情況下，僅靠傳統的撈水換水方式實在不夠便利，這時候如果有抽水器，就顯得格外方便了！

◆ 抽水器可以用來抽取飼養容器的底部髒汙，加快清理速度

\ Chapter 5 /
室外環境設置

Unit 1　環境安全評估

讀完 Chapter4，相信大家對於如何布置室內飼養環境都有了一定概念，而室外飼養則會遇到更多不確定的因素，因此本章九桃會先跟大家分享關於環境安全的評估，大致上分成**動物威脅**以及**天氣威脅**兩個部分來詳細說明。

▶ 動物威脅

在室外飼養時需要特別注意是否有來自其他動物的威脅，也就是必須先評估在室外飼養環境中，是否有可能出現會傷害澤龜的動物，這是非常非常重要的一點。如果明知存在動物威脅卻沒有事先採取防護措施，輕則導致龜龜受傷，重則龜寶性命不保。

居住在**市區**的飼養者常見的動物威脅包括貓、狗、老鼠等，小型龜還需要特別注意大型鳥類。而居住在**郊外或山區**的飼養者，除了要注意以上幾種動物之外，還可能會遇到蛇類和猛禽等等掠食動物。

最好的防護措施是**設置結構堅固且帶有上蓋的飼養環境**。上蓋最好選擇網狀不鏽鋼材質，這樣不僅透氣，且在戶外環境中接觸到水也不容易生鏽。上蓋的厚度和堅固程度，以及是否需要具備上鎖功能，則根據每個人的需求來決定。如果飼養環境中經常會有野貓出沒，建議選擇夠堅固且可以上鎖的上蓋，避免貓咪打開飼養區上蓋攻擊龜龜。

Chapter5　室外環境設置

◆ 為了避免動物威脅，戶外的澤龜飼養區建議加裝鐵網上蓋

❥ 天氣威脅

和動物威脅相比，天氣威脅的不確定性更大，危險性也可能更高。天氣威脅包括許多方面，包括氣溫變化、極端氣候……，例如颱風來襲時，飼主所設置的飼養區域和室外環境是否能讓澤龜安全地度過危險期，就顯得非常重要。

對於小型澤龜來說，我們可以選擇暫時將龜龜和飼養容器搬入室內。但如果飼養的是體型較大的澤龜，在設置室外飼養區之前，就必須先考慮其**穩固性**和**安全性**是否足夠，以確保龜龜能夠順利度過惡劣天氣。

Unit 2 溫度觀察

「**溫度**」是飼養澤龜時最需要注意的基本事項，如果選擇在戶外設置澤龜飼養區域，就意味著牠們將面臨比室內更劇烈的溫度變化，因此布置前需要花時間進行溫度觀察。有了詳細的觀察紀錄，才能設置出適合龜寶安全生活的環境。

建議至少要觀察夏季和冬季的氣溫變化，了解最冷和最熱的溫度範圍，並根據所飼養的物種進行環境設置。如果溫度過低，需要考慮安裝擋風遮雨的設備；如果溫度過高，則需要加裝防曬裝置或遮蔭的綠植等等。雖然澤龜的生活環境中有水可以減少出現熱衰竭的機會，但飼主仍需特別注意**通風問題**。

當然，這些室外設置無法一次到位，需要飼養者多觀察、多用心，一步步改進才能完善飼養環境。

◆ 飼養前要先測量各種狀態下的室外溫度進行觀察

Unit 3 日照觀察

　　除了溫度觀察，飼養澤龜前的日照觀察也同樣重要。室外飼養時，日照對於溫度影響非常之大，而且大多數的澤龜都需要陽光照射。經驗豐富的飼主都知道，牠們非常喜歡趴在岸上曬太陽，因此設置室外飼養區域前，應觀察日照的移動情況，確保澤龜能享受到最天然的日光浴。

　　飼養在室外難免會遇到高溫和強烈日照的情況，所以布置時有一部分區域要能長時間接受陽光照射，同時也要設置充分遮蔭的涼爽區域，這樣的設計才能讓龜龜們自由選擇舒適的環境，同時提高安全性。

◆ 在室外設置飼養區域之前，要先進行日照觀察

Unit 4　上岸處與水區布置

　　澤龜的生活區域其實非常簡單，主要分為岸區和水區兩個部分，在戶外飼養澤龜時也不能忘了為牠們精心布置上岸的地方哦！上岸處的設置除了要讓澤龜方便上下移動之外，一般建議設置於室外的岸區應選擇陽光充足的地方，同時也需設置一個陰涼且通風的區域，以便躲避強烈的日曬和高溫。

　　至於水區的布置，建議根據澤龜物種的大小來評估，盡量設置較大的水體面積，有助於減緩室外烈日下的水溫快速變化。另外，可嘗試使用綠水進行室外澤龜飼養，這是一種相當推薦的方法。

POINT

「綠水」指的是含有綠色藻類（大多為球藻類）的水體，這些水中的藻類可以藉由光合作用形成一個微小的循環系統，釋放氧氣、吸收二氧化碳和氨氣、氮氣等等有害物質，幫助過濾魚或澤龜在水中造成的汙染，所以綠水可說是自然界的過濾機制，整體優點如下：

- **有效淨化水質**：綠水不僅可以減少換水的頻率，還能降低養龜的成本。
- **讓澤龜更安心**：綠水能阻擋部分光線，使水下環境更加陰暗。這樣的環境可以讓龜類有安全感，降低外界刺激引起的不良生理反應。
- **減少腐皮問題**：有些澤龜容易出現腐皮或甲殼較脆弱的問題，根據九桃的經驗，使用綠水飼養後這些問題出現了明顯的改善。

Chapter5 室外環境設置

◆ 室外飼養區的上岸處布置

◆ 以綠水飼養的澤龜

89

Unit 5　室外飼養需要注意什麼

在室外飼養澤龜，首要考量一定是**安全**，飼主必須盡力消除所有可能造成龜龜傷害的潛在威脅。此外，密切觀察澤龜的狀況也是非常重要，尤其是在設置新環境的初期，透過觀察可以盡早發現可能存在的危險或不足之處，以減少澤龜在室外生活的風險。一旦基礎設置完成，就可以接著一步步優化環境，使其更符合澤龜的室外生存需求。

◆ 九桃的頭盔泥龜戶外繁殖區

POINT
如果澤龜的室外飼養區域是全露天設計，也就是上方完全沒有遮蔽物，在設置時務必安裝溢流裝置，否則下大雨時，雨水可能會積聚在飼養區內導致水位上升，甚至淹沒整個飼養區，造成澤龜溺水等危險情況。

◆ 全露天飼養區必須要有溢流裝置，以圖中的設置為例，當水位超過白色圓孔時，水就會直接流掉

Unit 6 室外飼養推薦實用工具

在室外飼養澤龜時打掃起來比室內飼養簡單一些，但是環境也較為惡劣，因此好用又能讓龜龜們過得更舒適的實用工具是不能少的！

≫ 黑網／遮蔭綠植

這兩項都是遮蔭工具，經過九桃多次室外飼養澤龜的經驗總結，是最常用且效果良好的選擇。比起冬天的冷風，夏日的烈陽更難應對，只需要照個幾分鐘，水溫就會直線上升，更不用說曬台上的溫度也是高得可怕，這些環境威脅都可能讓龜龜受傷或生病。

如果飼養區域有辦法架設黑網，可以考慮這種遮蔭方式，因為黑網既省空間，遮陽效果又極佳。綠植部分則是可以兼顧美觀和享受園藝樂趣，但需要選擇耐曬且具有良好遮陰效果的植物。

POINT

黑網有許多種不同的「遮陽率」，是指阻擋陽光照射的比例。遮陽率越高，阻擋的陽光越多，遮蔭效果就越好，例如 60% 遮陽率，意思就是大約只有 40% 的陽光可以穿透過去。

飼主根據需要遮陽的時間和地點來選擇合適的遮陽率，如果只有某些時段會直曬，可以選擇遮陽率較低的黑網；但如果一整天都會直曬，則應選擇遮陽率較高的黑網，以免溫度過高。

◆ 室外飼養區域所用的遮蔭黑網

◆ 室外飼養區域也可選擇種植遮陰植物

▸ 刷子

這應該是飼養澤龜時最常被介紹的小工具之一，也確實非常重要。在戶外飼養區可以選擇刷毛較為粗硬的刷子，因為青苔在戶外生長得非常快，用太軟的刷子可能不方便清洗，也會比較費力。

此外，手柄較長的刷子也是不錯的選擇，可以在水區還有水的時候伸進去刷洗再將髒水放掉，會比乾刷的效果更好。

◆ 室外飼養要選擇刷毛較為粗硬的刷子，才能輕鬆刷掉青苔

\ Chapter 6 /
如何挑選健康的澤龜

紅腹側頸龜

學名 | *Emydura subglobosa*　　英文 | Red-bellied short-necked turtle

Unit 1　鎖定物種耐心觀察

挑選澤龜時最重要的就是這一步！一開始必須==先確定你想飼養的是哪一種澤龜==，一般人挑選物種時通常會考慮外觀、體型和價格等因素，慎重考慮過這些問題後，鎖定想要飼養的物種，接著就可以前往店面或在網路上挑選心儀的龜龜了。

在詳細說明注意事項前，先告訴大家一個小祕訣：挑選澤龜時最重要的技巧就是==「觀察」==。當你看到心儀的物種後靜下心來仔細觀察，會發現許多之前沒有注意到的細節。一定==不要急於做決定==，因為有時看到特別喜歡的物種容易失去判斷力，根據九桃的長期飼養經驗發現，選到一隻健康的澤龜比擁有優秀的飼養技巧更為重要。

接下來，九桃將分享挑選澤龜的一系列步驟，以及需要觀察的重點，幫助大家都能選出健康的龜龜。

❱ 正常上浮下潛

當我們看到一整缸小龜時，一眼望去可以先觀察是否有些龜==浮在水面上==，或是游泳姿勢看起來怪怪的，這是判斷澤龜是否健康的一個方法。雖然浮在水面上不一定代表不健康，但有很高的機率是不健康的個體，通常是腸胃道或肺部可能有問題。因此，觀察澤龜是否能夠正常上浮下潛，是非常重要的第一步。

Chapter6　如何挑選健康的澤龜

> **POINT**
> 以九桃家的小頭盔為例，牠們很愛漂浮在水面上，但是並沒有生病，通常會在看到人之後快速往下游，而且不會在下潛後一直要往上漂浮。如果澤龜下潛之後無法保持在水下，或是需要很用力才能保持不漂浮的狀態，通常表示有健康問題。

❖ 活動力

活動力是指澤龜在飼養環境中的整體活力表現。通常，有活力的小澤龜會在水裡四處游動，或者疊在一起曬燈。九桃會先觀察在水面下到處尋找食物，或者看到人就快速游過來的個體，這些都是澤龜活動力旺盛的表現哦！

◆ 九桃家看到人就趕快游過來的卡卡，就是充滿活力的代表

❖ 食慾

進食狀況也是挑選澤龜時非常重要的一個指標。大多數烏龜在<mark>身體不適時</mark>，即使只是眼睛不舒服，也會選擇<mark>不吃東西</mark>。因此，如果在挑選澤龜時看到有個體正在進食，或者在地上四處尋找食物，這些都是食慾良好的表現。

大多數的澤龜本性貪吃，在熟悉環境、狀況穩定之後，看到有人來餵食時會立刻靠近並開始進食。如果澤龜食慾不好或者有挑食的習慣，則會用鼻子不停地嗅聞食物或頂推食物。觀察這些細微小動作，就可以了解澤龜的身體狀況和食慾好壞。

　　觀察並鎖定目標澤龜之後，可以進一步看看牠吃了多少東西，並順便了解牠是否只吃特定食物，還是進食時來者不拒，這些行為都有助於澤龜健康狀況的評估。

◆ 食慾超好的澤龜，一看到人就會立刻靠近

POINT　上圖水中紅色、藍色的物體是仿真水草，用來增加障礙物讓龜龜比較有安全感，減少互相打鬥的機率。

▶ 排泄

糞便可以反映出烏龜的 **腸胃道狀況**，因此在挑選健康澤龜時，觀察排泄情況非常重要。然而觀察排泄行為比觀察進食行為還要困難，所以只能盡量尋找時機。

如果幸運地遇到鎖定的澤龜正在排泄，應該仔細觀察 **剛排出來的糞便是否成形**。澤龜的糞便直接排放到水中，在水流較大的情況下可能會散掉，但健康的糞便在排出時並不會馬上散開，甚至在水底仍然能夠保持完整。

如果觀察到澤龜排出的糞便呈現不健康的狀態，例如帶有腸膜、黏液等，或者一排出來直接散成霧狀，就必須重新考慮是否要選擇這隻澤龜。因為我們無法確定牠的腸胃問題是長期如此還是暫時的情況，要有心理準備往後在照顧上可能需要花費更多的心力。

◆ 健康澤龜的糞便落於水底也不會散開，還是成形的狀態

❯ 眼神

判斷動物的眼神是一個比較抽象但往往非常有效的方法。健康澤龜應該有<mark>充滿「精神」且「光亮」的眼神</mark>。當你注視著牠時，會感受到牠炯炯有神地看著你或食物，這才是正常的表現。如果澤龜不健康，牠的眼神會顯得「懶散」或「渙散」，甚至眼睛「緊閉不開」，這也是不正常的表現。

在野外生活時，澤龜需要保持高度警覺，因此如果出現較大聲響，健康的個體應該會有反應，例如被嚇到或者睜開眼睛看看到底發生了什麼事，這些都是澤龜重要的健康指標。但請務必切記，千萬不要刻意去驚嚇牠們。

在販售環境水質不佳的店家，常常會發現有澤龜罹患白眼病。這種病症看起來像是有一層白色薄膜覆蓋在眼睛上，這也是挑選時需要特別觀察的重點。

◆ 健康澤龜的眼睛應該要炯炯有神

❯ 甲殼

前面分享的大多是如何觀察內在健康狀況，接著來談談外在的健康觀察。澤龜外表最顯眼的部分就是龜殼，可以分爲 **背部甲殼（背甲）** 和 **腹部甲殼（腹甲）**。和陸龜相比，澤龜更容易出現爛甲問題，尤其是在水質不佳或無法上岸曬燈的飼養環境中。

健康的澤龜甲殼應該是堅硬、光滑且漂亮的。如果出現奇怪的孔洞，甚至整片呈現腐爛狀態，都是甲殼有問題的跡象。如果看到疑似爛甲的部分，最簡單的判斷方式是詢問店家是否可以抓起龜龜觀察。得到允許後，再 **用指甲輕摳** 看起來有些異常的地方。正常情況下，用指甲摳應該不會對甲殼造成任何損傷；如果摳起來有爛爛的感覺，甚至越摳損傷範圍越大，就表示這隻龜龜的甲殼有狀況。

另外還有一種情況俗稱「角質化」，許多澤龜都有這個問題，其實是由於水中的礦物質含量較高，累積在龜殼上所形成的，對龜龜的身體健康沒有不良影響。

◆ 漂亮健康的澤龜甲殼應該充滿光澤

◆ 背甲上有蛀孔，表示這隻澤龜的甲殼出了問題

❥ 四肢

除了甲殼，龜龜的前後肢也是非常明顯、容易觀察到的地方。四肢常見的健康問題包括**斷趾**、腐皮和斷尾。其中斷趾是指烏龜的趾甲因互相咬到或折到⋯⋯原因而斷裂，斷掉的趾甲有的可以再生，有的則無法再生，該如何進行判斷呢？請仔細觀察烏龜趾甲斷掉的部分根部是否還保留著，如果還留有一小段的話，基本上是可以再生的；但如果原本應該長有趾甲的部位完全空掉了，甚至還有一個洞，那麼基本上就長不回來了。

腐皮是指澤龜皮膚受傷或水質不佳所導致的皮膚問題。常見的狀況有水黴感染和脫皮，這部分等到 Chapter12 我們再來詳細分享。

斷尾通常是指龜龜的尾巴斷掉，這種情況下尾巴是無法再生的。不過，只要斷掉的部分沒有太長，並不會對健康造成太大影響。

◆ 健康的澤龜趾甲完整，皮膚也沒有受傷或出現腐皮的情況

◆ 澤龜的尾巴如果斷掉一點點，並不會影響健康

Chapter 7
澤龜飲食大有學問

斑龜

學名 | *Ocadiasinensis*　　英文 | Chinese Stripe-Necked Turtle

Unit 1 澤龜能吃什麼

野外澤龜的攝食範圍**與棲息環境密切相關**，食物種類非常廣泛。大部分的澤龜會捕食魚、蝦和水中的小蟲等動物，也有些物種會吃棲息環境內常見的植物，大多數的蛋龜和泥龜更是有進食螺類生物的習性。所以，澤龜的食物會因棲息環境的不同而變化，可以說範圍非常廣泛。

Unit 2 如何選擇飼料

在日常飼養中，我們不太可能為澤龜取得多種不同種類的食物，這時飼料就是非常好的選擇，不僅可以維持營養均衡，許多飼料還具有維護龜龜腸胃道和水質的功效。那麼，在日常餵食中，我們應該準備哪些飼料呢？

澤龜飼料的種類不像陸龜那麼多樣化，大多數的澤龜飼料都是通用型。比較明顯的分類主要有**成龜飼料、幼龜飼料，以及上浮型和下沉型飼料**。

幼龜飼料和成龜飼料相比有以下特點：

★ **蛋白質含量較高**：有助於幼龜的成長發育。
★ **飼料顆粒較小**：方便幼龜進食，避免噎到或因飼料過硬而無法食用。

成龜飼料除了顆粒較大之外，更注重鈣磷比的需求調配，以及維生素的補充。某些廠商甚至研製出適合準備產卵的龜龜專用飼料，可以補足牠們產卵時的鈣質等營養需求。

九桃建議在不討論品牌的情況下，飼主可以**混合多種飼料餵食**。每個牌子的飼料都有不同優點，我們可以準備 4 至 5 種龜龜愛吃的飼料，例如選幾款蝦含量高的飼料和幾款添加礦物質的飼料，搭配餵食會讓澤龜更健康。至於小龜，也可以準備一兩款以上的飼料進行搭配餵食。

◆ 可以為澤龜準備多種飼料混合搭配

Unit 3　餵食頻率及餵食量

　　澤龜到底應該要怎麼餵呢？到底要多久餵澤龜一次？一次又要餵多少食物？這兩點經常是大家最難判斷的問題之一，也是九桃最常被詢問到的。以下就來和大家分享應該如何判斷與掌握。

▸ 餵食頻率

　　首先談談餵食頻率。為什麼要先討論這個呢？因為餵食頻率會影響餵食量的設定。相信有飼主每天都會餵食，甚至一天餵 1 到 3 次，但是根據九桃的觀察和經驗，並不推薦這樣做。

　　讓我們設想一下野外澤龜的生活，牠們可能好幾天才能覓得一餐，且需要自己獵食或耗費大量精力尋找食物。相比之下，在人工飼養的環境中，我們不可能提供比野外更寬敞的空間，卻讓龜龜在不需花費精力的情況下，給予牠們遠遠超過野外好幾倍的食物和營養，往往會導致牠們生長過快，甚至因過度攝食而引發腸胃道等內部疾病。

　　所以，九桃建議大家**每 2 天餵食一次就夠了**。氣溫較高時可適當增加餵食頻率，而在氣溫較低時則要減少餵食量。不管餵食頻率如何，建議都要給牠們一段斷食的時間，讓腸胃有充分的休息機會。

餵食量

掌握餵食量其實並不困難，很多人會用烏龜的<mark>頭部大小</mark>作為餵食量基準，我們可以先參考這個方法來進行。對於健康的澤龜來說，牠們不會過度進食，但有些物種則相對貪吃，必須特別注意。

遵循每兩天餵食一次的前提下，我們可以先給澤龜較多的食物量，觀察牠們是否吃得完。如果還有剩餘，下次餵食時就減少一些，直到牠們能夠剛好吃完為止。或者，可以觀察牠們是否吃到後來開始挑食，表示差不多已經飽了，這樣的餵食量才算是剛剛好。

由於是每兩天餵食一次，所以需要確保每次餵食的量和營養是足夠的。此外，不要忘記前面提過的<mark>多樣化餵食原則</mark>哦！

> **POINT**
> 九桃要提醒大家，餵食頻率和餵食量都與溫度有很大的關係，這裡提到的衡量方式只是最基本的判斷方法，實際操作時一定要考慮氣溫的變動來隨時調整，稍後會再詳細說明。

◆ 大口吃飼料的卡卡

Unit 4 天冷時需要餵食嗎

澤龜屬於**變溫動物**，所以牠們的活動力、精神、食慾和消化狀態等，都與溫度有密切關係。那麼，當氣溫慢慢降低或升高時，應該如何調整龜龜的進食頻率和進食量呢？

隨著**天氣慢慢變冷**，你會發現澤龜的進食慾望和食量也會隨之下降，這是正常現象，表示我們的**餵食頻率和餵食量也應該慢慢降低**。沒有使用加溫設備的飼主，可能會發現龜龜在天氣非常冷的時候會停止進食，甚至不活動，在這種情況下，完全不餵食是可以接受的。

當氣溫低於澤龜腸胃正常運作的溫度時，就會本能地避免進食，以免腸胃負擔過重，甚至引發腸胃疾病。因此，判斷溫度和進食量是飼主非常重要的功課，即使有提供加溫設備，也要小心避免過量餵食。

氣溫開始回升時，注意不要一下子提供澤龜太多食物。許多飼主看到天氣轉暖、太陽出來了，澤龜也變得活潑好動，便急於補充大量食物，擔心牠們之前在寒冷時期裡挨餓了。但這麼做反而更容易讓牠們的腸胃突然負荷不了，引發健康問題。我們應該**逐漸增加餵食量**，同時觀察澤龜的**進食狀況**和後續的**排泄狀況**。

Chapter7 澤龜飲食大有學問

　　不管是天氣變冷還是變熱,飼主都必須慢慢調整澤龜的餵食量,多花點心思觀察牠們的狀態,這件事情非常重要!

◆ 天氣回暖探出頭來曬太陽的頭盔澤龜

Unit 5　澤龜不能吃什麼

　　澤龜的腸胃道和陸龜相比較為強健，因為澤龜在野外攝取的食物種類也相對複雜。不過，烏龜的消化能力和其他生物比較還是算慢的。除了日常餵食飼料外，許多飼主會想為自家龜寶添加一些美味的**生鮮食物**，餵食時需要特別注意以下重點：

★ **不建議餵食煮熟的食物**：例如蝦類或魚類等等食物，煮熟之後狀態會改變，對澤龜腸胃道來說較難消化。而且在野生環境中，澤龜也不可能會有熟食可以吃。

★ **需注意寄生蟲問題**：餵食鮮食甚至活體食物時要特別注意寄生蟲。此外，根據九桃的飼養經驗，餵食帶殼的蝦子需要事先去除蝦子的額劍部分（見下頁圖），以減少澤龜不小心受傷的風險。

　　最後，**絕對不能餵食**澤龜不應該吃的食物，特別是**人類的食物**，因為牠們的身體構造和我們不同，澤龜有牠們自己應該吃的食物喔！

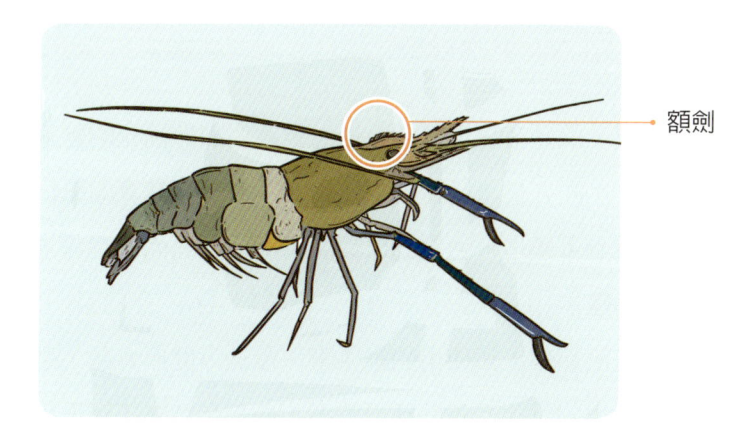

Chapter7　澤龜飲食大有學問

額劍

◆ 正在吃蝦乾的卡卡

Unit 6 營養補充品

顧名思義，就是在日常餵食之外為龜龜們額外補充的營養品。常常有許多朋友會詢問九桃，是否需要使用這類產品，其實如果日常餵食的飼料已經有做到**多樣化**，通常就已經能夠滿足龜兒的營養需求了，**營養補充品並非必需**。

這些補充品類似人類使用的維生素、魚油等健康食品，是一種額外的補充。市面上的澤龜營養品種類繁多，而且品項有不斷增加的趨勢，常讓人選購時看得眼花撩亂，以下九桃不談具體品牌，單純和大家分享幾種較為常見的。

❖ 蝦乾

蝦乾為什麼被歸類為營養補充品？雖然許多人把蝦乾作為日常餵食的一部分，但九桃認為蝦乾對龜龜來說，比較像是點心類的食物。大多數的澤龜飼料本身已含有蝦子成分，很多飼主反映經常餵食蝦乾會讓龜龜不愛吃飼料，這並不讓人感到意外，因為蝦乾對於龜龜來說比飼料更具吸引力。因此，九桃建議將蝦乾當作營養補充品，而不是日常餵食的飼料。

Chapter7　澤龜飲食大有學問

　　蝦乾的營養價值高，可以偶爾餵食少量，或將少量蝦乾混入日常飼料中。市面上常見適合澤龜食用的蝦乾主要有南極蝦和鉤蝦兩種，請參考下圖。

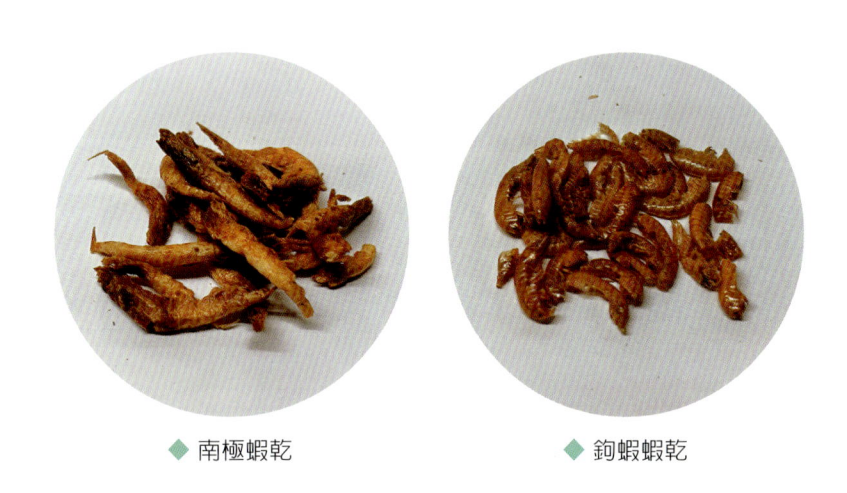

◆ 南極蝦乾　　　　　　　　◆ 鉤蝦蝦乾

▶ 營養添加劑

　　這是比較新近出現的產品，例如加入水中可以增加龜龜鈣質吸收的水中鈣質添加劑，或是保護龜龜們的殼和皮膚的產品。目前市面上有很多種類，九桃建議大家可以嘗試使用，並觀察自家龜龜的情況是否有明顯改善。

　　值得注意的是，使用營養添加劑時，最好將不同產品分開使用、不要混用，以便能夠更好地評估每種產品的效果。

Unit 7 澤龜挑食怎麼辦

澤龜挑食總是讓人頭痛,不僅浪費飼料,還容易讓水質變差,是很多人會詢問九桃的常見問題。改善龜龜挑食問題之前,我們應該先找出龜龜挑食的原因,常見的有以下三種:

❶ **龜龜太飽了**:這個因素是最常見的!前面有提過,澤龜的食慾與氣溫有很大的關係,許多飼主擔心龜龜餓到所以每天都餵食,甚至一天餵好幾次。當龜龜一直處於飽腹狀態時,牠們就會開始挑食,因為肚子不餓,所以只挑喜歡的東西來吃。

❷ **龜龜吃過更好吃的東西**:這個情況常常是因為飼主餵食蝦乾、生蝦肉或生魚肉等食物的頻率過高,龜龜就會覺得飼料不好吃而不想吃。

❸ **餵食品項長期太過單一**:飼主可能長期只餵食龜龜某一種飼料,如果改餵食不同的食物,龜龜可能就會不想嘗試。

除了這三個原因,澤龜跟人一樣也會有自己的喜好,所以多少都會挑食,我們只能盡量改善牠們的挑食狀況。緊接著就來談談如何改善澤龜的挑食問題。

綜合上述三種原因，我們可以大致判斷出自家龜龜為什麼會挑食，然後開始進行改善，九桃建議注意以下兩個時機點：

❶ 龜龜的身體狀況一定要很好。
❷ 最好是在天氣穩定且良好的季節進行。

那麼，最有效的改善挑食方式到底是什麼呢？答案是：**讓澤龜稍微餓肚子**。雖然看起來可能有些殘忍，但實際上過量餵食才是對牠們造成傷害。

假設原先的餵食頻率是兩天一次，那就可以試著調整成第三天或第四天，**再提供少許牠們之前不愛吃的飼料**，稍微餓到肚子的澤龜基本上都會去吃。一開始先放入少量，觀察牠們的進食狀況，如果還是不願意吃的話，也不要讓牠們餓太久，可以先餵食少量牠們喜歡的飼料，然後重複上述步驟。一段時間下來，大多數的澤龜都會願意接受不同的食物，飼主就可以趁機慢慢增加餵食的種類。

雖然以上分享了改善澤龜挑食的方法，但最關鍵的還是維持良好的餵食狀態，也就是**確保飼料的多樣化、正確的餵食頻率、適當的餵食量以及提供適合的食物**。只要遵循這些原則，龜龜的狀態就會越來越好哦！

\ Chapter 8 /
澤龜的
日常照料

黃腹彩龜

學名｜*Trachemys scripta scripta*　　英文｜Yellow-bellied Slider

Unit 1 曬太陽注意事項

　　如果飼養環境在室內或者無法照到太陽的地方，帶澤龜曬太陽就是飼主非常重要的一項工作。太陽對屬於爬蟲類動物的澤龜來說極為重要，除了大家都知道可以**提高體溫以增加活力、食慾和消化能力**的好處之外，因為甲殼占了澤龜身體很大的比例，牠們也需要陽光來幫助**合成和吸收鈣質**。然而，看似簡單的曬曬太陽，其實潛藏著許多危險，以下將詳細為大家解析應該注意的要點。

▶ 避免被攻擊的危險

　　通常會使用盒子或箱子帶澤龜去曬太陽，在這個過程中，可能就已經讓龜龜暴露在其他生物的潛在威脅中。根據九桃的經驗，即使住在市區，帶澤龜曬太陽時也會經常看到貓咪和小狗靠近查看或嗅聞，體型較小的澤龜甚至可能會遭到大型鳥類等生物的好奇和攻擊。因此，使用**帶有網狀蓋子的容器**帶澤龜去曬太陽會更加安全，不僅可以避免被攻擊，也能防止龜龜逃跑。

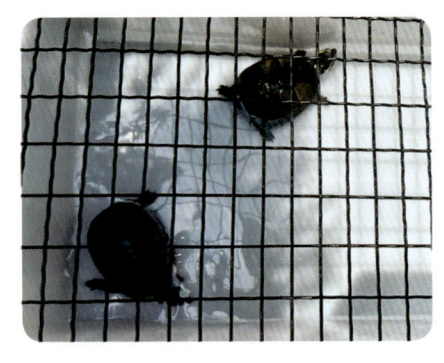

◆ 帶澤龜外出曬太陽建議使用附有蓋子的容器

Chapter8　澤龜的日常照料

❯ 務必保留遮蔭處

　　什麼！曬太陽還需要遮蔭處？一定會有飼主覺得既然要讓澤龜曬太陽，為什麼還要遮住太陽呢？大家都知道澤龜屬於變溫動物，對太陽的需求非常高，和屬於恆溫動物的人類不同。當我們將澤龜從生活環境帶出門曬太陽時，容器已經限制住牠們的活動空間，因此必須給予牠們**選擇溫度的自主權**，否則容易引發各種問題。

　　通常建議提供的遮蔭空間應占整體容器的**一半**，不然至少要讓整隻澤龜都可以躲進去。這樣當牠們覺得太熱時才能躲起來，不至於立即過熱；當牠們想多曬點太陽時，也可以自己選擇離開遮蔭處享受日光浴。

◆ 帶澤龜曬太陽時，注意必須保留一半範圍的遮蔭

◆ 遮蔭處和光亮處範圍都要夠大，讓龜龜可以整隻躲進去

❖ 太陽應該曬多久

　　這個問題是許多人都會疑惑的，大家都擔心曬的時間太短是不是會沒效果，曬太久又怕龜龜會過熱。其實曬太陽的時間取決於很多因素，很難有固定答案，九桃只能建議大家把時間抓在 **10 分鐘至 30 分鐘** 之間，但具體時間需要飼主自行判斷。

　　如果今天太陽很強烈，氣溫也很高，我們就應該減少曬太陽的時間，並密切注意烏龜是否過熱。相反的，如果氣溫較低，或者在曬太陽時突然有冷風吹過，我們就應該適時調整時間長度和位置。曬太陽對龜龜來說雖然非常重要，但也不要因此而讓澤龜感冒或引發其他問題喔！

> **POINT**
> 並不一定要讓龜龜在烈日下直射，即使在陰暗處，只要沒有任何物體遮蔽，**紫外線**仍然存在，就能為澤龜帶來曬太陽的效果。

◆ 待在陰影處曬太陽的龜龜

❖ 容器是否要放水

　　有看過九桃 YouTube 頻道影片或 Facebook 日常粉專分享的朋友一定會發現，不管帶哪一種澤龜去曬太陽，九桃總是會在容器中放入少許的水，會這樣做有兩個重要原因：

Chapter8　澤龜的日常照料

❶ **維持水分平衡**：相較於陸龜，澤龜皮膚的**保水能力較差**，如果長時間處於高溫環境，脫水的速度較快。在自然環境中，澤龜可以隨時跳入水中降溫，但在曬太陽的容器裡卻無法這麼做，因此必須提供一些水，幫助牠們維持水分平衡。

❷ **增加安全感**：對澤龜而言，容器中的水能夠提供安全感，因為模擬了在自然環境中隨時可以接觸到水的狀態，有助於減少龜龜曬太陽時的壓力。

因此，建議飼主在準備曬太陽容器時，可以從龜龜原本的生活環境中取一些水倒入。水量不需太多，**大約淹過龜龜的緣盾（龜殼邊緣）**即可。

◆ 愜意曬太陽的卡卡

POINT

曬完太陽的澤龜，不管曬的時間長短體溫都會升高，如果此時直接將牠們放回原本的飼養容器，龜龜可能會因為在岸上沒有安全感而立即跳入水中，造成**溫差過大**。建議將曬完太陽的澤龜先放置在與飼養環境相同的空間中，待體溫下降之後，再放回飼養容器內。

▷ 飼主需要全程陪伴

澤龜曬太陽的過程中，最重要的一點就是飼主要陪在旁邊。但又是為什麼，人一定要在旁邊陪曬呢？

前面提過的幾項曬太陽注意事項，每一項都**需要飼主持續地關注並且適時調整**，雖然曬太陽的時間通常不會很久，但是天氣或龜龜的身體狀況有可能隨時會發生變化，只有人全程在場，才能及時發現並處理任何可能出現的問題。

網路上經常可以看到飼主分享澤龜曬太陽時出現的各種意外，例如中暑、逃跑，甚至遭到其他動物攻擊等，這些狀況大多是在飼主不注意時發生的。因此，多花一些時間、多付出一份用心，可以讓飼養過程變得更加輕鬆愉快，龜龜也能更加安全幸福。

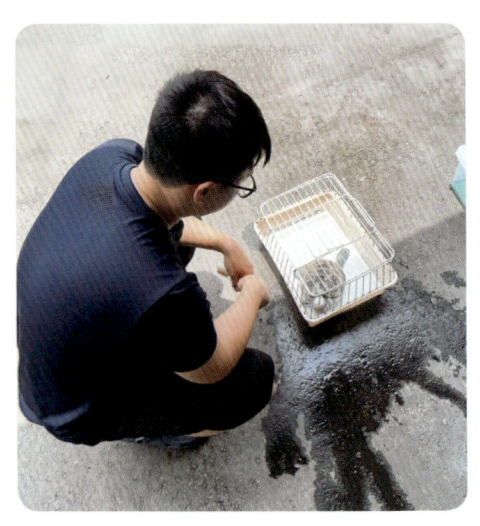

◆ 九桃在家門口陪伴卡卡曬太陽

❖ 熱衰竭症狀緊急處理

　　熱衰竭是因為**過熱**而引起的身體反應，雖然較少聽到澤龜曬太陽曬到熱衰竭，但確實是有可能發生的。之前提過要在容器中放入少許的水，就是為了避免澤龜因為曬太陽而水分太快流失，進而導致熱衰竭等狀況。

　　那麼，要如何判斷龜龜是否熱衰竭呢？基本上，如果在曬太陽途中或曬完不久之後，發現龜龜有**四肢無力、口吐白沫、精神狀態不佳**，就要特別注意是否發生了熱衰竭。九桃建議，如果家中澤龜出現以上症狀，最好趕緊帶牠們去看醫生，因為熱衰竭可能會對澤龜體內造成損害，而**我們並非專業醫療人員，無法立即判斷嚴重程度**。

　　發現熱衰竭症狀的當下，需要立即將澤龜移至陰涼通風處，並給予補充水分，也可以用少許涼水幫助降溫。特別注意！不可使用溫度過低且大量的水，否則可能會因為溫差過大而產生反效果。

　　總之，預防勝於治療。在帶澤龜曬太陽時，飼主多注意以上幾個重點，就可以避免以上這些風險。多一點小心，就能讓我們的飼養過程更加順利和安全。

Unit 2 日常清潔注意事項

什麼時候該換水

養澤龜到底多久要換一次水？如何判斷水是否髒了？又該一次換多少水呢？關於換水的各種問題，大致可以分成以下兩種情況來說明。

有使用過濾器

通常**一週只需要換水 1~2 次**，具體頻率取決於過濾器的過濾效果、龜龜的飼養數量、進食狀況與排泄狀況。一個實用的方法是在**更換過濾棉時順便評估水質**，判斷是否需要換水。

沒有使用過濾器

這種情況飼主需要**更頻繁地觀察和判斷**。很多飼主會天天換水，但這樣做對龜龜並不太好，雖然水質會因此保持得比較乾淨，但很多龜種的皮膚比較敏感，頻繁更換新水可能會導致無法適應。九桃的建議是**每 2～3 天換一次水**，並同時留意水是否變色，底部是否累積過多的飼料和排泄物殘渣，據此來決定是否需要換水以及換水頻率。

Chapter8　澤龜的日常照料

其實，不管是否使用過濾器，換水的頻率並沒有硬性規定。大家可以輕鬆判斷，覺得水質稍微髒了再換就好。至於一次要換多少水，九桃建議可以保留一些相對乾淨的舊水，尤其在**天氣冷**的時候，要儘量避免大量換水和水溫差距過大。

POINT

無論是否使用過濾器飼養，餵食時應將**飼料分量**控制在龜寶們能儘快吃完的範圍內，對維持水質有很好的效果喔！

◆ 使用換水器吸除底部髒汙

❖ 洗澡順便刷刷背

除了日常餵食、換水、清潔環境之外，飼主還需要幫澤龜洗澡和刷背。幫龜龜刷背有很多好處：

❶ 清除外殼上所附著的髒汙、青苔、水垢等等不良物質。
❷ 藉此觀察澤龜的外部狀態以及精神、活力等健康狀況。

至於如何幫澤龜洗澡，其實方法非常簡單，只需要準備一把小刷子針對澤龜的 **背甲和腹甲** 進行刷洗。天氣好的時候，可以一邊陪龜龜們曬太陽，一邊幫牠們洗澡刷背喔！

◆ 邊刷背邊曬太陽的卡卡

POINT
　　很多飼主會發現澤龜的背上有礦物質等等沉積物，白白的看起來不太美觀。所以日常幫澤龜刷背及多曬太陽，都能幫助龜龜擁有健康又漂亮的背甲喔！

\ Chapter 9 /
澤龜不舒服怎麼辦

哈米頓龜

學名 | *Geoclemys hamiltona*　　英文 | Spotted Pond turtle

Unit 1 澤龜不舒服的可能原因

　　龜龜和人類一樣會生病、感冒或覺得不舒服，在日常照料時，我們需要**投入心思隨時觀察注意牠們的狀況**，以便及早發現異常。本章將分享幾個會讓澤龜感到不舒服的主要原因，「不舒服」並不一定代表牠們已經生病，但有許多行為和症狀可以讓飼主提前察覺問題，從而及早預防。

❧ 溫差

　　溫度變化是爬蟲類動物感到不舒服的最典型原因，澤龜是變溫動物，理論上能忍受的溫度範圍比我們人類更大，但大家卻常常忽略了**「溫差」**。短時間內的溫度劇烈變化，還是會讓牠們不適應，可能導致龜寶感冒、食慾下降、消化不良等症狀，也是流鼻涕、嗜睡、肺炎等等常見澤龜疾病的主要發生原因。

　　飼主應避免在很冷的天氣為澤龜大量換水，或在牠們曬得體溫很高時直接放入冷水中。總之，所有會造成劇烈溫差的行為，飼主都應該多加注意喔！

❯ 餵食

許多飼主無法理解，為什麼餵食也會成為澤龜不舒服的原因之一。餵食雖然是日常飼養的基本動作，但不當餵食事實上是會導致澤龜不舒服的，比較常見的原因包含**餵食不適合的食物**，以及**在較冷的天氣中大量餵食**，但這個問題卻經常會被忽略。

飼主餵食時一定要特別注意，必須選擇對的時間、對的食物，才能讓我們的龜龜更健康喔！

❯ 日照

日照和餵食一樣，都是屬於日常照顧中的基本動作，但實際上有非常多飼主經常會忘記日照對澤龜的影響，例如過度曬太陽導致**熱衰竭**，或是太久沒帶澤龜去曬太陽導致**鈣質吸收不良**，引起血鈣過低、甲殼軟化、骨骼關節變形、食慾不振及活力不足等症狀，都是在實際飼養中頻繁發生的案例。此外，冬天或者風太冷、風太大的時候帶澤龜去曬太陽也要特別注意，因為這也是導致龜龜感冒的常見原因。

如果飼主實在無法帶澤龜去曬太陽，或是天氣條件不允許，建議購買全光譜燈泡或者 UVB 10.0 的燈具來補充日照。但情況允許的時候，還是要盡量抽空帶牠們到戶外直接享受陽光，畢竟**太陽光才是澤龜真正需要的**。

◆ 正在曬太陽的澤龜們

❖ 爭鬥

　　爭鬥是<u>混養澤龜的潛在風險之一</u>，算是常見的問題。並非只有不同澤龜物種之間會互相爭鬥，同一環境中即使飼養的是多隻同種澤龜，也可能發生爭鬥情況。每種澤龜，甚至每隻個體都有獨特的性格和脾氣，因此並非所有龜龜都能和平共處。

　　在決定同時飼養多隻澤龜時，飼主應該提前評估潛在的爭鬥風險。這個問題的影響程度從輕微到嚴重都有可能，輕微的情況可能只是皮外傷，嚴重時則可能導致龜龜身體部位殘缺，甚至致死。

　　以九桃家的卡卡為例，當牠被帶回家時尾巴已經被咬掉了，斷了一小截，很有可能就是因為之前處於混養環境之中。雖然尾巴短了一截並不影響整體健康，但由此可見，混養下的澤龜們爭鬥的情形可能會有多嚴重。值得注意的是，澤龜主要生活在水中，不管水質如何，水中總是

存在著各種細菌，因此**較深的傷口可能會引發嚴重感染**，對龜龜的健康造成重大威脅。

另一個常被忽視的問題是，在混養環境中，**較弱勢的龜龜可能會因長期緊迫而出現不進食的情況**，但因為身上沒有明顯外傷，飼主可能會誤以為龜龜只是暫時不想吃東西而已，而沒有去了解背後的原因。這種情況如果一直持續下去，同樣會對龜龜的健康造成嚴重影響。

◆ 卡卡的尾巴曾被咬斷了一小截

水質

水質的好壞會直接影響澤龜的健康，不良的水質更可能引發一系列問題，較為明顯且容易觀察到的包括：**甲殼出現蛀孔或潰爛、皮膚潰爛或被水黴附著……**。這些狀況若能及早發現，其實都算是小問題，但如果長時間沒注意，傷口會越來越深，水中的大量細菌也可能會讓傷口快速惡化，導致需要進行清創等侵入性治療，而這類治療往往難以使龜龜完全恢復到原來的健康狀態，甚至可能致死。所以，大家千萬不可以對看似平常的水質問題掉以輕心。

規律等等。沒有使用加溫設備的飼主，還需要將天氣因素一起納入評估：天氣太冷，澤龜食慾會自然下降；但是當天氣回暖到舒適的溫度，澤龜食慾仍未提升或出現異常，就要特別注意了。因此，九桃會花時間親自觀察龜寶是否有開口進食，藉此了解牠們的狀況，也讓自己比較放心。

◆ 餵食之後，飼主要記得觀察一下龜龜的進食狀況

❖ 活力降低

氣溫除了會影響澤龜的食慾，也會影響活力，因此是非常好的長期觀察指標。我們飼養龜龜一段時間後，會慢慢了解牠們的個性和日常習慣，例如什麼狀態時會游來游去、什麼狀態時會上岸曬背等。某些物種或個體平常特別親人，例如九桃家的卡卡，除了在岸上曬背之外，其他時間幾乎都在水中游動，看到人也會立刻游過來，因此如果某天卡卡不

太游動，或者顯得懶懶的，九桃很快就會察覺到異狀，並立即檢查是否有什麼狀況發生。

活力降低和食慾降低相比，比較不容易判斷，但對於那些有對龜龜花心思的飼主來說應該不難，因此活動力好壞也是判斷澤龜是否正常的重要指標之一。

❖ 嗜睡

澤龜的嗜睡狀態比陸龜更容易被觀察。前面提過，澤龜身體不適時通常會選擇待在岸上，因此較容易被發現。一般來說，澤龜出現嗜睡狀況時，==表示身體狀態已經出現了較為嚴重的問題==，前期可能伴隨著長期待在岸上或拒食等等情況。

另外，有一種可能被誤認為嗜睡的狀況是==澤龜眼睛不舒服==。但如果確認龜龜眼睛沒有不適，九桃會建議儘快帶有嗜睡症狀的澤龜去醫院檢查，因為問題可能已經相當嚴重了。

❖ 開口喘氣

這是許多飼主都會遇到的情況，而且對澤龜來說絕對不是正常狀態。通常龜龜會開口喘氣大多數和呼吸道症狀有關，==可能是輕微感冒，也可能是嚴重肺炎==，而導致這些情況的原因有很多，例如之前提過的溫差、嗆水等都有可能。

龜龜在出現開口喘氣的情況之前，會伴隨著其他徵兆，如拒食或長期待在岸上等。肺炎除了會讓牠們**開口喘氣、不願意下水**，症狀還可能包括**無法潛水以及嘴角有泡沫**，只要發現以上幾種狀況，基本上就是肺炎無誤。雖然肺炎是飼養澤龜時常見的問題，但致死率仍然很高。因此，建議大家如果觀察到這幾個明顯的症狀，一定要儘快帶龜龜前往就醫。

◆ 開口喘氣的皮蛋，看起來相當不舒服

POINT

本章分享了許多澤龜不舒服的症狀，但並非每個症狀出現都需要立即就醫，九桃只是提供給大家作為判斷澤龜健康狀況的參考指標。我們是負責任的飼主，不是醫生，當龜龜的狀況超出自身處理能力的範圍時，及時就醫絕對是最明智的決定！

Chapter 10
適合新手飼養的澤龜物種

地圖龜

學名 | *Graptemys*　　英文 | Common Map Turtle

前面已經和大家分享過如何設置飼養環境、挑選健康的澤龜，以及在日常照料中需要注意的飼養重點。那麼，新手建議從哪種澤龜開始入門呢？每個人的喜好不同，本章九桃將為大家簡單介紹幾個適合新手照顧的物種。

開始介紹之前，先和大家分享一個觀念：不管是多容易飼養、多強悍的物種，**在牠們還是小寶寶的時候，照顧起來都是很有難度的**。所以，建議第一次飼養澤龜時，可以挑選個體稍微大一些的，**盡量不要挑選剛出生的個體**，這樣難度相對來說會比較低喔！以下就趕緊來分享吧！

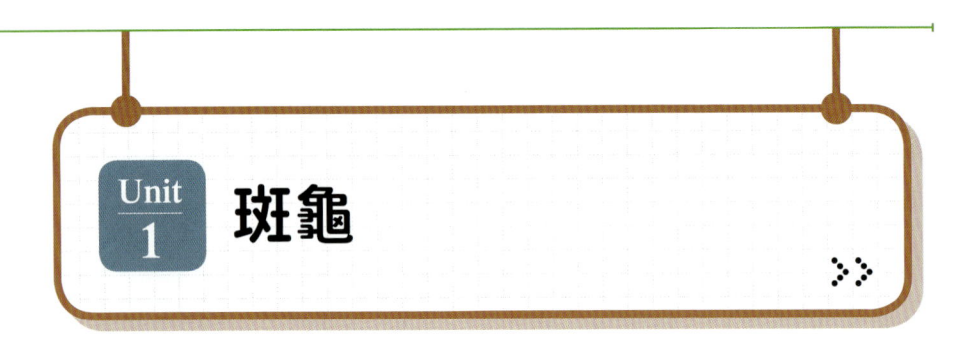

Unit 1 斑龜

斑龜，也被稱為長尾龜或花龜，**是台灣的原生物種**。除了巴西龜，斑龜是**目前台灣最為普遍的澤龜之一**。由於是原生物種，斑龜對於台灣的氣候

◆ 學名：*Mauremys sinensis*
◆ 原產地：台灣、中國、越南等
◆ 棲息環境：河流湖泊地帶
◆ 適合溫度：23℃〜30℃
◆ 成體背甲長度：20cm〜30cm

有很強的適應力。而且，由於在大多數水族館中都可以見到牠們，加上價格親民又能習慣台灣的氣候條件，於是**成為很多人飼養澤龜的首選**。

Chapter10　適合新手飼養的澤龜物種

　　雖然斑龜對台灣氣候適應能力強，但通常我們一開始入手的都是非常小的幼龜，這時候的牠們非常脆弱，因此在溫度、餵食以及環境設置上都需要特別注意。斑龜是雜食性的，對各種食物的接受度都很高，幼龜時期比較偏愛肉食，長大後的雌性斑龜則較偏草食性，可以接受較多葉菜類食物。

　　需要特別提醒的是，**斑龜長大後體型會變得較大**，所以在飼養前，請務必審慎評估是否有足夠的空間和環境來照顧牠們。

◆ 斑龜是很多人飼養澤龜的首選

◆ 成體斑龜體型較大，飼養前需評估自身的空間條件

我是台灣原生物種！

139

Unit 2 密西西比麝香龜

密西西比麝香龜屬於小麝香龜屬的一個物種，在台灣常直接被稱為麝香龜。這種龜<mark>因體型迷你而深受許多飼主喜愛</mark>，特別是飼養空間有限的飼主，選擇這種成體後仍保持較小體型的物種是非常明智的選擇，畢竟龜龜們不可能一直保持在幼龜狀態。

- ◆ 學名：*Sternotherus odoratus*
- ◆ 原產地：北美洲
- ◆ 棲息環境：河流或沼澤區域
- ◆ 適合溫度：20°C～30°C
- ◆ 成體背甲長度：7cm～13cm

麝香龜原本棲息於環境條件較嚴苛的地區，因此對溫度具有很高的耐受度。同時也是一種典型的雜食性龜，幾乎對所有食物都不挑食，在野外會覓食魚、蝦、昆蟲、螺類以及水草。

麝香龜常在水底行走、徘徊尋找食物，雖然牠們能適應深水環境，但還是要注意提供良好的上岸處以及適當的水深。特別是在<mark>幼龜時期，過深的水可能對牠們造成威脅</mark>，這點一定要切記。

> 我一點都不挑食！

▼ 密西西比麝香龜的體型很迷你

Unit 3　頭盔泥龜

　　頭盔泥龜是大家比較熟悉的一種澤龜，**因其外型圓潤看似頭盔而得名**。其實，頭盔泥龜就是密西西比泥龜，但是常被誤認為東方泥龜。頭盔泥龜的臉頰兩側有清晰的線條紋路，而東方泥龜則多呈現斑點狀紋路。

- 學名：*Kinosternon subrubrum hippocrepis*
- 原產地：美國東部至南部各州
- 棲息環境：河流沼澤區域
- 適合溫度：20°C～28°C
- 成體背甲長度：8cm～13cm

　　頭盔泥龜是九桃研究得比較深入的澤龜物種，且已成功繁殖出多隻小幼龜。九桃要特別推薦給大家，因為牠的成體也非常迷你，對溫度的耐受度也很好。但需要特別注意的是，頭盔泥龜**性情較為凶猛**，不僅對其他烏龜如此，對人也比較兇。

　　頭盔泥龜屬雜食性，混合多種飼料餵食可以讓牠健康成長。與之前提到的麝香龜相比，頭盔泥龜對水域的需求較低，但對陸地的需求稍微高一些，因為牠們**非常喜愛上岸曬太陽。**

◆ 頭盔泥龜外型圓潤，側看很像一個頭盔

◆ 頭盔泥龜臉頰兩側的線條紋路是很明顯的特徵

Unit 4　果核龜

果核龜是近幾年來非常熱門的寵物龜種，**因為迷你的外型而受到大多人喜愛**。果核龜的背甲上有明顯的三道脊稜，因此也被稱為**三線泥龜**，這是辨認果核龜的重要特徵之一。這種龜對溫度變化的適應能力強，屬於雜食性。在野外牠們會捕食小魚、小蝦、螺類，並攝取水生植物。為了確保營養均衡，建議在飼養時要提供果核龜**多樣化的食物**。

飼養時，特別是幼龜階段，**需要格外注意水深和水流強度**。對於體型極小的澤龜個體來說，過深的水或過強的水流，都可能構成生命威脅，千萬要注意。

- 學名：*Kinosternon baurii*
- 原產地：美國東部以及東南部各州
- 棲息環境：河流沼澤區域
- 適合溫度：20℃～27℃
- 成體背甲長度：10cm～13cm

◆ 果核龜的背甲上有三道明顯的脊稜
◆ 圖片提供：DNA

Unit 5 鑽紋龜

鑽紋龜**因頭部有菱形鑽石紋路而得名**，原生於汽水環境（半鹹水區），對於水中鹽度有很高的耐受度，但飼養在淡水中也沒有問題。**鑽紋龜是九桃私心推薦的物種**，因為牠們與人的互動性非常高，每天都會等著你來餵牠，並且會一直游來游去，能為飼主帶來很大的療癒感。

- 學名：*Malaclemys terrapin*
- 原產地：美國東部及南部沿岸
- 棲息環境：濱海沼澤汽水地帶
- 適合溫度：20℃～28℃
- 成體背甲長度：13cm～23cm

作為汽水區的原生種，鑽紋龜擁有超強的游泳能力，長大後需要有足夠的生活空間，但在幼龜時期，仍需注意水深和上岸處的安全性。此外，鑽紋龜非常貪吃，不挑食而且食量很大，對溫度變化的適應能力強。

值得注意的是，九桃在飼養過程中發現，鑽紋龜的皮膚對於頻繁換水會較為敏感，容易出現腐皮和甲殼問題，因此**飼養時要特別注意水質**。此外，鑽紋龜對曬太陽有很高的需求，基本上**大部分的時間都在曬太陽和找東西吃**，所以，不要忘記帶牠們多曬曬太陽。

◆ 鑽紋龜與人的互動性高，能為飼主帶來滿滿療癒感

我頭部的菱形鑽
石紋路超美的！

我可是
游泳高手！

\ Chapter 11 /
淺談澤龜繁殖

歐洲澤龜

學名 | *Emys orbicularis*　　英文 | **European Pond turtle**

Unit 1　繁殖澤龜所需的條件

　　相信有非常多飼主都會想嘗試看看自己繁殖澤龜，畢竟親自孵化出小烏龜確實是一件令人成就感滿滿的事。然而，這是一門相當深奧的學問，九桃也正在不斷學習中。在開始繁殖澤龜之前，有許多條件需要滿足，以下先簡單分享從澤龜飼養的新手到成功繁殖幼龜的大致過程：

❶ **養得活**：養活是最基本的，但由於不同物種有不同飼養難度，所以需要花時間和精力去做功課。

❷ **養得好**：養得好是建立於「養得活」之上，就看飼主如何努力讓龜龜健康快樂，並打造出適合牠們繁殖的環境。

❸ **能交配**：澤龜的交配並不像大家想的那麼簡單。龜龜有自己的個性和喜好，有時候公龜母龜互不搭理，甚至一見面就打架。所以，要讓牠們順利交配是有一定難度的。

❹ **能受精**：成功讓龜龜們交配後，公龜的精子和母龜的卵子品質非常重要，只有兩者都達到良好標準，才能形成健康的胚胎。

❺ **能孵化**：孵化過程包括許多步驟，而且需要較長的時間。從母龜順利產蛋、撿蛋，到打造出適合的孵化環境，以及在數個月內

維持胚胎健康成長，這段期間必須精確控制溫度、濕度等各種因素，因此需要累積很多經驗。

❻ **能存活**：當可愛的小龜順利孵化後，我們又回到了最初的飼養階段。新出生的龜苗非常脆弱，如何讓牠們健康存活，是一項重要且富有挑戰性的任務。

以上是九桃整理的烏龜繁殖基本條件，當然，還有許多細節需要親身實踐和不斷努力。總而言之，繁殖過程充滿了挑戰，需要飼主極大的耐心、細心和毅力才能完成。

◆ 正在交配中的蛋龜

Unit 2 如何打造繁殖區

在讓龜龜安心下蛋之前，一個舒適的繁殖區是不可或缺的。依照九桃的觀察，通常要滿足兩個重點，龜龜繁殖的狀態才會好：第一個當然就是要讓龜龜覺得非常**舒適**，第二則是**安全感**必不可少。從舒適度來說，每種龜需要的可能多少有些不同，但布置方式跟前面提過的澤龜飼養區其實是差不多的，一樣要同時設置水區及岸區，但是需要為了準備繁殖做些許的改變喔！馬上就來跟大家分享。

▷ 水區

繁殖區的水域大小以及水位深度，還是依照 Chapter4 和 Chapter5 分享過的方式去進行判斷，但是繁殖區有一個需要特別注意的重點：有些物種交配時的習性較為殘暴，母龜很可能會被長時間壓在水中無法呼吸，因此**水位千萬不能太深**。最剛好的深度是讓公龜能輕鬆游至母龜上方，並且在母龜被壓制時，依然可以抬頭往上呼吸到空氣，這樣的水位深度會比較安全喔！

除了水深需要特別注意，我們也可以在水中增加一些**障礙物**，降低龜龜被卡住的風險，或者讓母龜在較為激烈的交配過程中，可以當成躲避、喘息的空間，會比較好喔！

岸區

　　繁殖區的岸區最重要的布置，當然就是產卵用的沙盆啦！飼主有很多種搭配可以選擇，最簡單設置只需要<u>上岸斜坡</u>和<u>產卵沙盆</u>，更進階的可以分別規劃出曬太陽區、洗沙盆、產卵盆……。當然，繁殖區沒有規定一定要怎麼布置才可以，大家可以依照自己的環境條件以及飼養物種去做自由搭配。

　　至於砂盆中的<u>沙子選擇</u>也是非常多種，常見的有 0 號珊瑚砂（海灘砂）、河砂、各種土壤以及混合的介質（沙子和土混合）等等。沙盆除了要注意所選用的介質之外，還需留意<u>沙子的深度</u>，有的龜種非常挑剔，如果太容易挖到底、無法繼續深挖下去，就會選擇乾脆不產卵，所以沙子的深度最好是母龜體長的 0.5 到 1.5 倍，會是比較剛好的喔！

0 號珊瑚砂（海灘砂）

- ★ **優點**：較為美觀、烏龜容易挖掘
- ★ **缺點**：保水性較差、不易取得、價格較高

河砂

- ★ **優點**：容易取得、價格便宜
- ★ **缺點**：保水性較差

各種土壤
- ★ 優點：容易取得、價格便宜、保水性佳
- ★ 缺點：淋濕再乾燥後較硬，烏龜不容易挖掘

混合的介質（沙子和土混合）
- ★ 優點：保水性適中、容易挖掘但挖出來的洞又不容易垮掉
- ★ 缺點：比例需要經過多次嘗試

　　最後最後也是最重要的一點，就是**千萬不要過度打擾龜龜**，以免驚嚇到牠們，才能讓牠們擁有滿滿的安全感喔！

◆ 特別打造的繁殖區，讓母龜可以安心下蛋。

Unit 3 孵蛋前要準備什麼

工欲善其事，必先利其器，孵蛋前需要準備什麼器材呢？九桃以下一項一項跟大家分享：

❶ **孵蛋箱**：市面上有非常多種類，九桃這邊就不多做介紹，但最好選擇**能控制溫度**並且溫度不會頻繁波動的孵蛋外箱。另外，也可以選擇**自製孵蛋箱**，後面會詳細分享製作步驟。

❷ **孵蛋盒和孵蛋介質**：孵蛋盒建議選擇方便觀察且容易開關的容器。孵蛋介質最多人使用的是蛭石，因為保濕性和透氣性都非常好，選購時盡量不要買顆粒太小的**蛭石**，因為較大的顆粒透氣性較佳。

❸ **設置孵蛋盒**：將蛭石放入容器內並加入適量的水，水量多寡可以根據孵化物種和個人的孵化經驗進行調整。初次嘗試時，九桃建議按照**介質與水的重量 1:1** 的比例混合，之後再根據蛋和介質的狀況進行調整。

最後，將龜蛋小心放入準備好的孵蛋盒中，孵化前的準備工作就完成了！

◆ 孵蛋盒要挑選開關方便，且容易從外面觀察的容器

◆ 蛭石保濕性和透氣性俱佳，是最多人選用的孵蛋介質

> **POINT**
> 關於孵蛋盒是否需要開孔，有許多不同的說法和做法，並沒有一定的對與錯。實際的經驗累積，才是找到最適合自己方式的關鍵。

Unit 4　簡單自製孵蛋箱

　　這個簡單版孵蛋箱是九桃根據網路上前輩分享的方法，自行嘗試製作的，並曾經成功地孵化出一隻紅面蛋龜，也就是九桃家的小皮蛋，代表這個孵蛋箱確實可行。以下就來分享一下製作過程：

❖ 準備材料

- 附蓋保麗龍箱
- 溫濕度計
- 透明桌墊
- 塑膠風管
- 紗窗網
- 塑膠瓦楞板
- 鐵網
- 保麗龍膠
- 定溫加溫棒
- 水族打氣機
- 生化棉

❖ 製作步驟

製作箱蓋

1. 在保麗龍箱的蓋子中間挖出三個孔洞，其中一個用來嵌入溫濕度計，方便孵蛋期間隨時觀察箱內的溫濕度狀況。
2. 另外兩個孔洞挖成方形，再將透明桌墊裁切成適合大小後嵌入，打造成觀察窗。

3. 在蓋子的四個角落各挖一個通風孔，大小和塑膠風管的粗細一樣。
4. 裁切四小段風管，用紗窗網封好管口避免蚊蟲進入，再把管子卡入四個通風孔中，蓋子的部分就完成了。

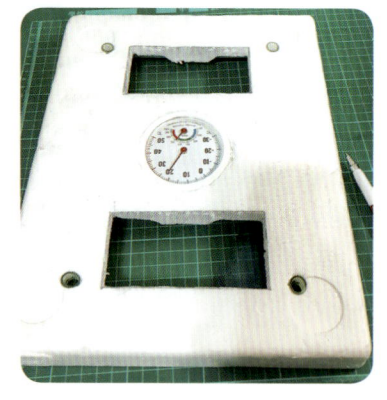

◆ 正在製作中的孵蛋箱上蓋

設置孵蛋箱底部

1. 用塑膠瓦楞板、鐵網、保麗龍膠等工具，將定溫加溫棒和塑膠風管固定在箱底。
2. 加溫棒一定要注意是否固定穩妥，使用時水深也必須淹過加溫棒，否則萬一加溫棒位移離開水面，會有燒掉或爆裂的危險。

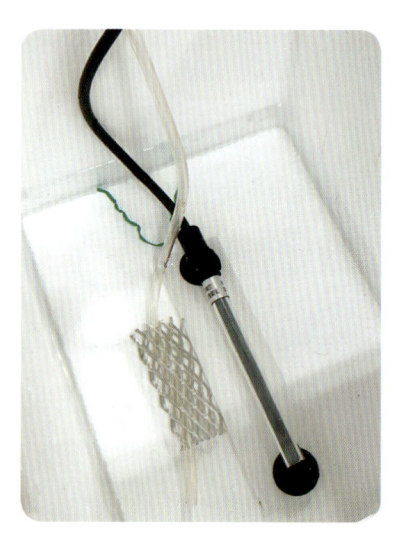

◆ 孵蛋箱的底部設置

Chapter11　淺談澤龜繁殖

設置孵蛋平台

1. 另外使用塑膠瓦楞板製作孵蛋平台架在箱子內部，用來放置孵蛋盒。瓦楞板要覆蓋在上個步驟的加溫棒上方並且高於水位，記得要預留讓加溫棒電線和塑膠風管通過的孔洞。
2. 為定溫加溫棒和水族打氣機接上電源及風管，並在箱子上緣預留凹槽讓電線和風管通過。加溫棒提供熱能將水加溫，打氣機則用來增加水的循環和濕度，讓平台上孵蛋盒中的澤龜蛋孵化。
3. 將生化棉塞入瓦楞板上的預留孔洞，並透過生化棉觸碰到的水量多寡，來控制箱內的濕度高低。

POINT
要怎麼用生化棉來控制箱內濕度呢？我們利用打氣機透過風管把空氣打入裝水的孵蛋箱底部，水氣則會經過生化棉往上進入孵蛋平台的空間。將生化棉越往下壓、位置越低，碰觸到箱底的水量越多，蒸散到孵蛋空間的濕度也就越高喔！

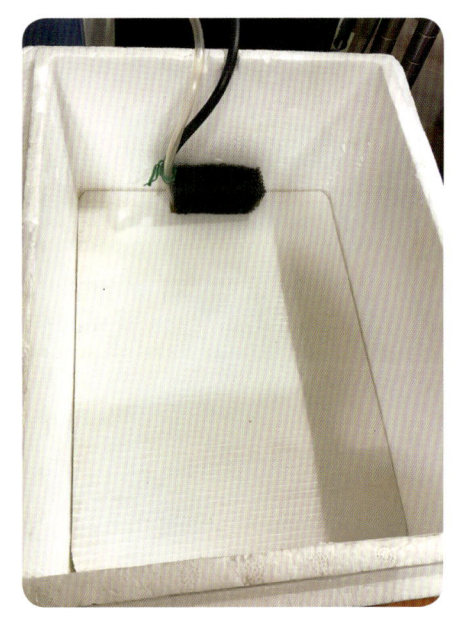

◆ 安裝好加熱和通風系統的孵蛋平台

最後蓋上箱蓋、開啓電源，自製孵蛋箱就大功告成了！當然，實際使用時溫度和濕度可能需要進行微調，才能達到最佳孵化條件喔！

◆ 九桃自製的孵蛋箱成品

Unit 5 從撿蛋到孵化幼龜

❖ 該怎麼撿蛋

在繁殖澤龜的過程中除了準備必要器材之外,首要任務就是順利收集到龜蛋。開始挖蛋前我們需要先判斷澤龜是否已經下蛋,以及可能的產卵位置,有個好方法是<mark>讓產卵沙盆的土保持平整</mark>,這樣被母龜挖過的痕跡就會非常明顯。當然,如果能親眼目睹龜龜下蛋,那就再好不過了。

假設今天觀察到龜龜在某處產卵,過了一段時間後再來查看,發現原本母龜<mark>挖掘的地方已經被填平</mark>,很可能就表示裡面有蛋。在產卵季節,母龜常常會四處尋找適合下蛋的地方,有時候牠們挖一挖,感覺不對就放棄了,而這種情況通常不會把土回填。因此,如果看到挖過的土又被回填,就有很大機會裡面藏有龜蛋。

一旦確定了可能的產卵地點,必須非常小心地向下挖掘。看到蛋之後,有一個極為重要的原則必須遵守:<mark>蛋原本朝上的一面必須始終保持朝上,千萬不可轉動蛋或改變蛋原本的方向</mark>,這對後續的孵化非常重要。

◆ 正在沙盆產卵的母龜

◆ 挖蛋、撿蛋時必須非常小心,以免不小心把埋在沙盆裡的蛋弄破

❖ 龜蛋需要洗嗎

成功撿到蛋之後，有各種不同的處理方式，有些人選擇將蛋清洗乾淨，有些人選擇撥去表面土壤之後直接進行孵化，兩種做法都有很多人採用，並沒有絕對的正確答案，大家可以根據自己的經驗來進行嘗試和判斷。

九桃自己會先清洗蛋，洗的時候要**注意保持蛋原來的方向不要翻轉，原本朝上的地方必須始終朝上**。輕柔地用水沖洗掉表面的土壤和黏液，然後迅速擦乾，再將蛋放入事先準備好的孵蛋盒中。

◆ 還沒清洗過的澤龜蛋

Chapter11　淺談澤龜繁殖

❖ 檢查龜蛋是否受精

撿到澤龜蛋後可先進行初步的受精判斷，通常有兩種方式可以檢查澤龜蛋是否受精，但並不一定完全準確：

❶ **觀察蛋黃是否下沉**：在產出幾小時到一天之內，受精蛋的蛋黃會沉到蛋的底部，使用手電筒照射時可以明顯看到蛋底有黃色的卵黃。如果蛋未受精，光照下去蛋內的黃色看起來會比較均勻，不易辨識出蛋黃位置。

❷ **等待精斑的出現**：受精的澤龜蛋通常在產出後的一天會陸續出現精斑，這是一個較為準確的受精指標，更能判斷受精狀態。

不過九桃還是建議，**在不影響其他已確認受精蛋的情況下**，對那些初步判斷為未受精的蛋進行孵化，有時候也可能帶來意外的驚喜。

◆ 在手電筒照射下，可以清楚看到受精蛋的卵黃下沉

◆ 出現精斑的受精蛋

Unit 6 孵蛋時可能遇到的致命問題

澤龜蛋的孵化過程通常需要很久，最短也要 2 至 3 個月，因此有些人會頻繁地進行觀察。九桃也是屬於會頻繁觀察的人，但要特別注意的是，**觀察時應儘量避免移動龜蛋**，隔著孵蛋容器從外面靜靜觀察，是比較建議的方式。至於孵化過程中有可能會出現一些狀況，比較常見的如下：

蛋發霉

發霉是孵蛋時常見的狀況，因此**一定要及時移開未受精的蛋和壞蛋**。如果發現正在發育的龜蛋發霉，可以用純水濕紙巾擦拭掉黴菌，擦完之後要確保蛋的表面乾燥，不能留下水分。

蛋空

孵化澤龜蛋的前期和後期所需濕度不同，通常是先濕後乾。前期濕度不足會造成**蛋空現象**，用手電筒觀察可以看到蛋裡面有一部分是空的。如果發生在孵化前期，可以藉由**提高濕度**和**深埋龜蛋**來改善；如果發生在後期，要注意是否會因蛋殼內的孵化空間不足而造成龜苗窒息，如有必要須提前破殼。

Chapter11　淺談澤龜繁殖

蛋裂開

這也是孵蛋時很常見的問題，主要原因是孵化環境中的<mark>濕度過高</mark>，導致蛋殼裂開。發現蛋殼裂開時，不用過於緊張，適度調整孵蛋盒內的濕度，確保裂開處沒有感染，通常還是可以順利孵化出小烏龜。

◆ 因濕度過高而裂開的龜蛋

停止發育

龜蛋停止發育的原因很多，例如環境不適合孵化或者受精卵品質較差等。該怎麼判斷蛋是否已經停止發育？比較明顯的現象是蛋殼內的血管和胚胎沒有繼續增生，或者原先有血管的地方血管逐漸減少。如果出現<mark>血管退縮</mark>的情況，蛋孵化的情形就不太樂觀了。

蛋死亡

很多人認為蛋死亡時會發出臭味，但其實如果蛋殼沒有破損的話，是不會有味道的。如何判斷蛋是否已經死亡呢？比較明顯的現象是，用手電筒照射時發現蛋內部呈現<mark>紅色</mark>，而不是像原先那樣清澈透亮，甚至還可能會有<mark>發黑的情形</mark>。

◆ 死掉無法孵化的龜蛋

Unit 7　成功孵化龜苗

　　經過重重難關，小龜龜終於要出生啦！那麼，龜苗在孵化前會出現哪些徵兆可以幫助我們進行判斷呢？

　　隨著孵化過程的進行，龜苗在蛋內不斷成長。到後期用手電筒照射時，你會發現幾乎看不到任何內部結構，整個蛋照下去一片黑暗，這是因為龜苗已經發育到幾乎填滿整個蛋內空間。在大多數澤龜苗即將破殼前，會出現二個常見的現象：

❶ **蛋殼表面出現水珠**：這不是濕度過高而產生的喔！而是因為蛋內尿囊血管收縮而滲出的水珠，意味著蛋內的龜苗準備轉為肺部呼吸。

❷ **蛋的頭尾兩側變黑且顆粒感變得明顯**：這是因為正常的龜蛋在龜苗發育後，鈣質會慢慢被吸收，在龜苗破殼前頭部位置的蛋殼會變得比較薄，使龜苗容易破殼鑽出。

◆ 即將孵化的龜蛋頭尾顆粒感較重，顏色也會稍微變黑

　　以上這兩個徵兆出現，就意味著小龜即將破殼而出，準備迎接牠的新生活囉！

\ Chapter 12 /
常見澤龜飼養問題

非洲側頸龜

學名 | *Pelomedusidae*　　英文 | African side neck turtle

Q1 澤龜適合當寵物嗎？

A 澤龜非常適合作為寵物喔！

很多人在考慮飼養澤龜時可能會有以下這些疑問：會不會很麻煩？會不會很貴？會不會沒有互動？其實在開始飼養前，九桃也曾經有類似的疑慮。不過，這些擔心在實際飼養之後都完全消失了！

會不會很麻煩？

如果只養一隻澤龜，日常照顧就很簡單，除了餵食飼料之外，每2～3天換一次水、清理環境即可。如果有設置效能良好的過濾系統，可能一週才會需要清理一次。

會不會很貴？

與較主流的寵物相比，飼養澤龜的費用其實非常低。

會不會沒有互動？

雖然不能保證每個物種都能和人有很好的互動，但基本互動是絕對有的。更深入的互動則取決於物種差異和每隻龜的個性，例如九桃家的卡卡互動性就非常高。

總而言之，九桃認為澤龜是非常好的寵物選擇，牠們不僅不吵不鬧，還能帶給飼主很多療癒和快樂。

◆ 超愛找人互動的卡卡

Chapter12 常見澤龜飼養問題

Q2 澤龜的殼會換嗎？

A 有些澤龜物種確實會出現「換殼」的現象，然而，並不是真的更換整個龜殼，因為**龜殼是跟著牠們一輩子的骨骼結構**。

所謂的「換殼」，實際上是指某些澤龜物種的表層甲殼會明顯地脫落，過程中龜殼表面會出現一層薄薄的、帶有殼紋的物質，這是完全正常的生理現象。這種狀態與龜殼受傷的情況有明顯不同，若遇到澤龜正在「換殼」，**切勿試圖用手幫助牠們移除這層物質**。相反地，應該讓牠們多曬太陽以及補充足夠的鈣質。此外，最重要的是保持水質清潔。這樣的話，我們就可以幫助澤龜順利完成這個自然過程囉！

◆ 卡卡「換殼」時，甲殼表面會出現一層帶有殼紋的物質

Q3 澤龜不吃東西是冬眠了嗎？

A 在台灣，除非居住在氣溫變化較為極端的山區，否則很少遇到澤龜冬眠的情況。

澤龜是變溫動物，會根據周遭環境溫度的變化調節自身狀態。當溫度降低到特定程度（因物種而異），牠們可能會減少進食，甚至完全拒絕進食。

如果發現家中的澤龜**長期不進食**或**經常處於睡眠狀態**，可能需要注意飼養環境是否有問題，或者觀察溫度是否過低，導致澤龜進入**冬化狀態**。

「**冬化**」是指生物在進入冬眠之前的一個過渡期，特徵是不進食且活動量減少。簡單來說，這是澤龜為冬眠做準備的階段。不過，並非所有澤龜物種都有冬眠的習性，是否需要冬眠，要根據具體的物種來判斷。因此，了解自己飼養的澤龜物種及其特性，非常重要！

Chapter12　常見澤龜飼養問題

Q4 澤龜可以混養嗎？

A 先說結論：只要是混養都存在風險，所以九桃**不建議混養澤龜**。

這裡所說的「混養」，並不是指不同物種間的共處，而是指在**同一環境中飼養多隻澤龜**。混養可能帶來許多風險，像是咬傷、感染、疾病傳染等等潛在問題，大多數成熟的公龜之間會產生較強烈的打鬥行為，這個因素也需要一起考量。因此，在決定要飼養多隻澤龜之前，應該審慎評估：

❶ 事先了解哪些物種絕對不能一起混養
❷ 是否有能力妥善處理可能出現的問題

如果認為自己無法妥善應對這些潛在問題，九桃建議飼主為每隻澤龜提供獨立的生活空間。除了便於照顧，也有助於更好地觀察每隻澤龜的狀況。

Q5 水黴與脫皮如何分辨？

A 簡單來說，水黴是棉絮狀，脫皮則是片狀。

澤龜在成長過程中經常會出現脫皮現象，許多飼主容易將脫皮與水黴或腐皮混淆，但仔細觀察特徵後，就會發現其實並不難區分：

脫皮	水黴
・可能漂浮在水面或附著在龜身上 ・呈透明片狀 ・有時可見龜身上的紋路	・附著於龜身上 ・呈棉絮狀 ・由水中黴菌引起

◆ 卡卡身上的脫皮

◆ 水面上漂浮的片狀皮屑

Chapter12　常見澤龜飼養問題

Q6 澤龜需要剪趾甲嗎？

A 不需要特別幫牠們剪趾甲喔！

澤龜的趾甲通常又長又尖，尤其許多物種的公龜在成熟後，前爪會變得非常長。這些身體特徵都有其特定的意義，因此**不用特別為牠們剪趾甲**。只有在特殊情況下，例如趾甲變形可能會讓牠們傷害到自己時，才需要刻意進行修剪。

Q7 澤龜死掉了應該如何處置？

A 關於澤龜死亡後的處置，這是一個相對沉重的話題。雖然飼主都不願意面對寵物離開的那天，但龜龜們終究只是我們人生中的過客，離別的那一天總會到來。

在台灣，由於爬蟲類寵物不如貓狗普及，因此處理後事的機構相對較少。一般飼主通常有以下二種處理方式：

❶ **就地掩埋**：前提是**不能造成他人困擾**。
❷ **製作標本或保留龜殼**：這種方式現在越來越受歡迎，雖然澤龜標本的處理比陸龜難度更高，但目前已有許多專業店家可以提供這項服務。如果飼主有需求，建議**直接尋求專業店家的協助**，自行處理可能會感覺相當不舒服，因此九桃不在本書中分享自行留殼的方法。對一般飼主來說，直接找專家處理會是更好的選擇！

結語

給讀者的一封信

　　首先，由衷感謝各位閱讀完這本關於澤龜的書。相信願意讀完的朋友，一定對澤龜有著濃厚的興趣。在華人社會中，烏龜屬於相當小眾的寵物，大多數人對牠們的了解並不深入。不過，這不代表喜愛烏龜的我們是怪咖，我們反而看到了烏龜獨特的可愛與美麗，並且擁有一個非常好的興趣。

　　寫作本書時，我已接觸烏龜近九年的時間，從一開始的懵懂無知、認真做功課學習飼養方法，如今看著牠們慢慢長大，甚至有些龜龜已成為爸爸媽媽，我對這群可愛小動物的熱情只有與日俱增。從牠們身上，我學到了許多生活態度，也因為烏龜而完成了許多曾經認為自己不可能辦到的事情。不管是成立了 YouTube 頻道，還是受邀擔任講師分享飼養經驗，以及寫這本書，都是我當初從未想過這輩子會經歷的人生體驗。

　　烏龜不僅讓我遇見許多新奇的事，也讓我在碰到挫折時能夠挺了過來，為人生帶來新的追求目標。我相信，大家都能在飼養烏龜的過程中獲得心靈的平靜與快樂的回憶，這些都是人生中非常珍貴的體會。

　　烏龜確實是非常棒的寵物，九桃也會繼續努力，讓更多人認識這些可愛的小傢伙，分享更多飼養經驗，幫助大家更好地照顧自己的龜龜。希望我們能因烏龜而快樂，烏龜也能因我們的認真照顧而幸福。

結語　給讀者的一封信

　　最後，九桃想說的是，人活著擁有一個美好的興趣非常重要，雖然養烏龜的過程中會遇到一些困難，但只要願意學習、付出真心，必定能與牠們一同創造美好且開心的回憶。

◆ 九桃與卡卡自拍
◆ 插圖出處：Pixabay

附錄

※ 本書欣賞用圖鑑龜種並非所有皆可飼養，購買寵物請遵循法律規範，選擇合法來源，為牠們的幸福負責！

賞・澤龜

黃泥蛋龜

學名：*Kinosternon flavescens*
英文：Yellow Mud Turtle

星點龜

學名：*Clemmys guttata*
英文：Spotted turtle

尖鼻泥龜

學名：*Dermatemys mawii*
英文：The Central American river turtle

琉球地龜

學名：*Geoemyda japonica*
英文：Ryukyu leaf turtle

四眼斑龜

學名：*Sacalia quadriocellata*
英文：Four-eyed turtle

楓葉龜

學名：*Chelus fimbriatus*
英文：Mata mata

附錄 賞・澤龜

印度稜背龜

學名：*Pangshura tecta*
英文：Indian roofed turtle

太陽龜

學名：*Heosemys spinosa*
英文：Spiny turtle

日本石龜

學名：*Mauremys japonica*
英文：Japanese Pond Turtle

木紋龜

學名：*Rhinoclemmys pulcherrima*
英文：Painted wood turtle

食蝸龜

學名：*Malayemys subtrijuga*
英文：**Mekong snail-eating turtle**

眼斑龜

學名：*Sacalia bealei*
英文：**Beal's eyed turtle**

DNA REPTILE FARM

晶翔國際有限公司

各式常見/珍稀龜類繁殖、買賣(批發、零售)進出口等業務。

營業地點:台中市大里區/雲林縣土庫鎮

連絡電話:0912-077603

HTTPS://WWW.FACEBOOK.COM/DNA.REPTILE.FARM.TAI

Batagur kachuga

DNA REPTILE FARM

晶翔國際有限公司

各式常見/珍稀龜類繁殖、買賣(批發、零售)、
進出口等業務。
營業地點：台中市大里區/雲林縣土庫鎮
連絡電話：0912-077603

國家圖書館出版品預行編目（CIP）資料

澤龜飼養指南：從挑選、環境設置、餵食、四季健康管理到繁殖，跟著養龜人這樣做，給龜龜最好的照顧！/九桃著. -- 初版. -- 臺中市：晨星出版有限公司, 2025.01
　　184面；16×22.5　公分.-- (寵物館；126)
　ISBN 978-626-320-999-2(平裝)

1.CST: 龜 2.CST: 寵物飼養

437.394　　　　　　　　　　　　　　　　　113017137

寵物館 126
澤龜飼養指南
從挑選、環境設置、餵食、四季健康管理到繁殖，
跟著養龜人這樣做，給龜龜最好的照顧！

作者	九桃
編輯	余順琪
封面設計	高鍾琪
美術編輯	點點設計
創辦人	陳銘民
發行所	晨星出版有限公司 407台中市西屯區工業30路1號1樓 TEL：04-23595820　FAX：04-23550581 E-mail：service-taipei@morningstar.com.tw http://star.morningstar.com.tw 行政院新聞局局版台業字第2500號
法律顧問	陳思成律師
初版	西元2025年01月15日
讀者服務專線	TEL：02-23672044 / 04-23595819#212
讀者傳真專線	FAX：02-23635741 / 04-23595493
讀者專用信箱	service@morningstar.com.tw
網路書店	http://www.morningstar.com.tw
郵政劃撥	15060393（知己圖書股份有限公司）
印刷	上好印刷股份有限公司

定價 399 元
（如書籍有缺頁或破損，請寄回更換）
ISBN：978-626-320-999-2

圖片來源：shutterstock、作者提供
其餘請見內頁標示

Published by Morning Star Publishing Inc.
Printed in Taiwan
All rights reserved.

版權所有・翻印必究

｜最新、最快、最實用的第一手資訊都在這裡｜